KB044020

내 마음의 들꽃 산책

내 마음의 들꽃 산책

이유미 글   송기엽 사진

여전히 제 마음을 흔드는 존재는 들꽃입니다

식물은 제 삶의 반려입니다. 반려의 뜻을 사전에서 찾아보면 '짝이 되는 동무'입니다. 때론 풀지 못하는 숙제처럼 고민을 안겨 주기도 했지만, 식물은 저에게 따뜻한 위로이자 영감이 되어 주었습니다. 그렇게 오랜 시간 동안 함께 추억을 쌓고 또 다른 인연들을 만들기도 하면서 평생을 그렇게 식물과 짝이 되어 살아왔습니다.

식물 공부를 처음 시작했을 때 산자락에 핀 얼레지만 만나도 마음이 두근거렸습니다. 숱한 나날, 산야에 피어나는 꽃들을 만나러 짐을 꾸리기 시작하면 또 얼마나 설레었는지요. 그렇게 산책길에 히어리도 만나고, 오지의 월귤도 마주하고, 늠름한 전나무에 감동하면서 온갖 식물이 시시 철철 피어나는 잎과 꽃과 낙엽을 새롭게 만나며 살았습니다. 처음 식물을 볼 때는 눈 속에 꽃이 가득하였지만, 지금은 꽃 말고도 많은 것이 눈에 들어옵니다. 더불어 살아가는 여러 식물의 어우러짐도, 나뭇가지에서 돋아나는 섬세한 솜털도 보입니다. 꽃잎 없는 양치식물의 다채로운 포자 모양에서도 경이로움이 느껴집니다. 같은 나무여도 하루의 빛에 따라, 계절에 따라, 날씨에 따라 얼마나 다채로운 모습을 보여 주는 지도 이젠 알고 있습니다. 그 나뭇가지를 스쳐 지나오는 바람의 싱그러움까지도요.

이 책에 사진을 담아 주신 고 송기엽 선생님과의 인연은 우리 꽃에 대한 첫사랑을 막 키워 갈 즈음부터 시작되었습니다. 한 신문사에서 기획한 〈한국의 야생화 대탐사〉 프로그램에 참여하면서부터이지요. 1년간 한라에서 백두까지, 산으로 섬으로 전 국토를 누비며 이 땅에 얼마나 많은 아름다운 식물이 존재하는지를 가슴 벅차도록 느꼈던, 그래서 식물을 그저 연구 대상이 아닌 마음을 다해 평생을 더불어 갈 존재로 각인한 그 숱한 여정 중에 선생님이 계셨습니다. 선생님께서는 앵글을 통하여 보는 또 다른 식물의 세상을 알려 주셨습니다.

식물을 공부하는 사람으로서 식물을 알리고 싶어 이런저런 글도 쓰고 책도 만들면서 그 덕분에 과분한 사랑도 받았습니다. 하지만 그 짐은 다른 이들에게 넘기고 당분간 평생의 결과를 집대성하는 일과 공직의 자리에서 할 일 외에는 접으려고 결심했던 제가 이 책을 만들게 된 것은 제 글과 당신의 사진을 함께 담고자 하셨던 선생님에 대한 존경의 마음 때문이었습니다. 한결같이 아름다웠던 선생님과의 인연을 의미 있게 엮어 내는 일보다 중요한 일이 또 어디 있으랴 싶은 마음뿐이었지요.

선생님께서 자연이 가득한 사진만을 남기고 떠나신 지금, 《내 마음의 야생화 여행》과 《내 마음의 나무 여행》 두 권을 한데 묶고, 내용을 가다듬은 이 책으로 여러분을 만납니다. 첫 마음과는 달리 사진 한 장한 장에 담긴 추억과 인연을 충분히 사색하지 못해 선생님의 주옥같은 사진들이 빛바랠까 걱정했던 초판의 부족함을 보완하고자 했지만 여전히 아쉬움이 남습니다. 부디 선생님의 사진에 담긴 수많은 순간순간의 이야기를 마음으로 보시길 바랍니다. 제 모자란 글이 이 땅에 사는 우리 식물의 아름다움과 고결함을 보고자 마음을 품는 독자분들의 여정에 참고가 된다면 행복할 듯합니다. 하늘에서 산야를 내려다보고 계실 선생님께 존경과 애정을 담아 감사의 마음을 전합니다.

늦봄의 국립세종수목원에서 **이유미**

차례

1부

아름다운
풀꽃 산책

3월
봄 숲, 키를 낮추고 마음을 열어
살며시 말을 건네다

봄입니다. 봄은 도대체 언제 어디서부터 시작되는 것일까요? 살금살금 슬금슬금 어느새 곁에까지 다가선 이 봄 말입니다. 생각해 보면, 마음은 이미 오래전에 봄을 시작했던 것 같습니다. 성급한 마음은 언제나 조금씩 계절을 앞당기는 듯합니다. 추운 겨울의 길이만큼 새봄을 기다리는 마음이 간절하기 때문이겠지요. 어쩌면 머리가 인지하지 못하는 저 먼 봄기운을 몸이 느껴 마음으로 전달하고, 이내 그 마음이 먼저 열리는 것이 아닐까 싶습니다. 우리가 해석하기 어려운 섭리처럼 말입니다.

도시에선 봄이 좀 더 빨리 옵니다. 말 그대로 춘삼월이면 가장 먼저 거리를 스치는 사람들의 옷차림이 밝고 가벼워집니다. 성급한 개나리가 꽃망울을 담기 시작하고, 담장 너머로 보이는 백목련은 털이 소복한 겨울눈이 눈에 뜨이게 부풀어 오릅니다. 이내 그 순결한 꽃잎이 드러나겠지요. 이즈음이면 주체할 수 없는 봄기운에 온 마음이 달뜨곤 합니다.

들썩이는 마음을 안고 봄 숲으로 길을 떠나 봅니다. 대지를 너머 숲으로 스며든 그 봄을 맞이하고 싶어서지요. 춘흥에 겨워 떠난 발걸음에 비해 봄 숲은 고요하고 잔잔하며 평화롭기 이를 데

노루귀도 처음엔 콩나물처럼 올라옵니다. 새로운 시작입니다.

없습니다. 숲은 스스로가 품은 넓이만큼 그리고 깊이만큼 여유로워 보이지만, 알고 보면 이 숲에도 이미 봄기운이 가득합니다. 숲에서는 언제나 감각을 섬세하게 열어야 한다는 사실을 알고 계시죠? 그러고 나면 느껴집니다. 언 땅이 녹는 소리, 햇살에 말라 푸석거리는 향긋한 흙 냄새, 물이 올라 탱탱해진 나무줄기의 생명 가득한 탄력까지…. 이처럼 봄 숲에는 우리가 모르는 왕성하고도 역동적인 생명의 기운들이 있습니다. 생각해 보세요. '노루귀'의 더없이 가녀린 새싹들이 잔설 덮인 언 땅을 뚫고 올라오기 위해 얼마나 대단한 기운이 필요했을지요. 그리고 그렇게 올라온 노루귀가 얼마나 장한지요.

봄 숲 구석구석에는 새순들이 앞다투어 올라오지만, 언제 피어났는지 벌써 꽃잎을 활짝 연 고운 꽃들도 눈에 뜨입니다. 재미난 것은 봄꽃들은 대부분 키가 작다는 것입니다. 한 뼘이 넘는 꽃은 요염한 '얼레지'나 물가의 '동의나물' 정도일까요? 고물고물 피어나는 봄꽃들의 키는 손가락 길이 남짓, 그러니 눈여겨보지 않으면 지나치기 십상이지요. 봄꽃들의 키가 작은 것은 성급한 마음이라기보다는 나름대로 지혜로운 전략이 있기 때문입니다. 초록빛의 모든 식물은 햇볕을 받아 광합성을 하고 양분을 만들어 냅니다. 사실 알고 보면 숲속은 이 햇볕을 차지하기 위한 긴장감 넘치는 경쟁터입니다. 하지만 부지런한 초봄의 꽃들은 나무들이 잎을 펼쳐 하늘을 가리기 전에, 주변의 다른 풀들이 키를 올려 그늘을 만들기 전에 남보다 먼저 열심히 올라와 꽃을 피워 아무도 가리지 않는 이른 봄의 햇볕을 독차지합니다.

이런 혜택을 받기 위해선 언제나 남들보다 한발 앞서야 합니다.

지혜로운 변신도 필요하고요. 독특하고 괴팍하게도 보이는 '앉은부채', 이 작은 꽃은 땅속에 키보다 수십 배나 길고 굵은 뿌리를 내립니다. 한 송이의 꽃을 피우기 위한 저력이 그 뿌리 속에 담겨 있습니다. 어떻게 언 땅을 녹이고, 얼음 속에서 피어났을까 궁금하여 누군가 온도를 재어 보니 꽃 속의 온도가 더 높더라고 합니다. 스스로 발열하여 땅을 녹였나 봅니다. 깊은 숲속의 '한계령풀'도 끊길 듯 이어지는 그 뿌리의 끝을 본 사람이 많지 않답니다. 개성 있기로 치면 '족도리풀'도 뒤처지지 않습니다. 봄에 땅 위를 기어 다니는 곤충들의 힘을 빌려 꽃가루받이를 하려고 색이 독특하면서도 족도리를 꼭 닮은 올망졸망한 꽃을 땅 위로 올려 보내고 있답니다.

봄 숲에서 아름다운 우리 꽃을 만날 수 있는 세 가지 방법을 알려 드릴까 합니다. 첫째, '몸을 낮춘다.' 아름답고 장한 봄꽃들을 제대로 보기 위해 몸을 낮추어 보세요. 그래야 노루귀의 보송한 솜털이며, 얼레지의 톱니 모양의 꽃잎 무늬와 복수초의 반짝이는 꽃잎들을 제대로 볼 수 있기 때문입니다. 둘째, '천천히 걸으며 시선을 길이 아닌 숲에 둔다.' 그저 산을 찾아 높이, 빨리 올라가겠다는 욕심으로 숲길을 휙휙 다니면 그 길목에 피고 지는 보물 같은 우리 꽃들을 모두 스쳐 지나갈 확률이 매우 높답니다. 셋째, '오감을 동원하자.' 봄꽃들은 눈뿐 아니라 향기로도 느끼고, 촉감으로도 알 수 있습니다. 오감을 깨우면 꽃들을 둘러 싼 온 숲에서 생명의 기운이 느껴집니다. 이렇게 3월의 숲에서 봄꽃들을 만나 보세요. 몸을 낮추어 땅 위를 들여다보면 고물고물 숱한 봄꽃이 방긋방긋 웃고 있습니다.

솜털 가득한 어린 노루의 귀를 닮은
노루귀

노루귀의 그 보송한 솜털이 참 좋습니다. 노루귀는 꽃이 먼저 피는데 올라온 줄기에 있는 다복한 솜털이 꽃을 부드럽고 친숙하게 합니다. '노루귀'라는 재미난 이름은 꽃이 지고 난 후 말려 올라가는 잎의 모습이 노루의 귀, 그것도 아직 어려 솜털이 가득한 어린 노루의 귀를 닮았기 때문입니다.

마음만 먹으면 이른 봄, 한라에서 백두까지 우리나라의 어느 산에서나 노루귀를 볼 수 있습니다. 물론 키를 낮추어야겠지요. 아무리 커 봐야 10센티미터를 넘지 못하니까요. 꽃은 꽃잎처럼 보이는 5~8장의 꽃받침잎으로 이루어져 있는데 색이 아주 다양합니다. 흰색이 많고 보라색과 분홍색, 남색 꽃도 보인답니다. 때론 보라색 꽃받침잎 가장자리에 흰색의 줄이 가 있는 것도 있지요.

이 정다운 노루귀는 약으로도, 또 살짝 데쳐서 독성을 제거한 뒤 나물로도 먹을 수 있다지만 한 송이 한 송이 너무 아까워 그럴 순 없어요. 갖가지 색의 노루귀를 모아 키우는 것보다는, 그 꽃들을 찾아 봄 숲을 헤매는 것이 가장 행복한 일인 것 같아요. 대신 숲도 우거지고 점차 사라져 버려 보기 어려워진 가지가지 노루귀들을 보전할 수 있는 작은 꽃밭을 수목원 한편에 마련하는 계획을 세워 볼게요.

노루귀 Ranunculaceae (미나리아재비과) *Hepatica asiatica* Nakai

환하게 웃으며 복 많이 받고 오래 살라는
복수초

　'복수초福壽草'라는 이름에는 복 많이 받고 오래 살라는 뜻이 있습니다. 그래서 이 꽃을 분에 담아 마음을 전하는 선물을 하기도 한답니다. 복수초는 가장 먼저 피는 우리 꽃의 하나입니다. 그런데 알고 보면, 장소와 시기에 따라 꽃 소식을 전하는 복수초들은 그 종류가 조금씩 다릅니다. 최남단 제주에서 2월부터 시작하는 세복수초의 꽃 소식은 점차 북상하여 개복수초가 서쪽 섬부터 내륙까지 이어질 즈음 절정을 이루고, 복수초가 높은 산에서도 피어나는 4월까지 계속됩니다. 꽃이 핀 후 뒤늦은 눈송이에 덮이기도 하고, 잔설을 녹이며 눈 속에서 꽃을 피워 내기도 하여 여린 듯 강한 장한 꽃입니다.

　따사로운 햇살이 내리쬐는 어느 봄날, 풍선이 부풀어 오르듯 꽃망울이 커져 그 화려한 꽃송이를 한껏 벌려 놓으면 수많은 꽃잎이 포개어 달립니다. 그 꽃잎 사이에는 더욱 밝고 선명한 노란색 수술이 가득 모여 있는데, 수술 속을 헤치면 도깨비방망이처럼 돌기가 난 연둣빛 암술이 자리 잡고 있습니다. 낮에 빛이 있어야만 펼쳐 내는 복수초의 꽃잎은 윤기로 반짝입니다. 그렇게 웃고 있는 복수초의 꽃잎들을 바라보고 있으면 절로 내 마음도 환해지지요.

순백의 꽃이 봄을 알리는
꿩의바람꽃

사실 봄은 바람꽃 집안 식물들의 잔치입니다. 꽃대가 하나씩 올라오는 홀아비바람꽃, 똑같이 둘이 올라오는 쌍둥이바람꽃, 옆에서 '나도 나도'를 외치는 나도바람꽃, 그리고 너도바람꽃과 꿩의바람꽃, 회리바람꽃, 변산바람꽃까지 숱한 바람꽃 형제들과 사촌들은 봄 숲의 야생 꽃밭을 아름답게 장식하는 봄을 대표하는 바람꽃 집안 식구들입니다. 그런데 정작 앞에 아무런 수식어를 달지 않은 그냥 바람꽃은 한여름 높은 산에서 고고히 피어나 더욱 특별합니다. 바람꽃 집안은 학명으로는 아네모네속*Anemone*입니다. 아네모네는 희랍어로 '바람의 딸'이라는 뜻이니 우리말 이름이 '바람꽃'이란 것이 전혀 이상하지 않지요.

그 가운데서도 꿩의바람꽃은 봄 숲에서 가장 쉽게 볼 수 있는 종류로 종종 너무 빨리 땅 위로 올라와 눈 속에서 피어나서 화제가 되기도 합니다. 나뭇가지에 잎이 트기 전, 높은 산에 올라가 볕이 드는 낙엽수 밑을 살펴보면 이 고운 꽃을 만날 수 있습니다. 바람에 살랑이듯 가녀린 꿩의바람꽃의 잎은 꽃이 스러질 즈음 나오는데, 3갈래씩 2번 갈라져 있고 그 끝이 둥글둥글하여 부드러운 느낌입니다. 이 잎은 양분을 열심히 만들어 땅속줄기에 저장하고는 다른 식물들이 비로소 기지개를 켜고 다투어 나올 즈음 지상에서 사라집니다.

꿩의바람꽃 Ranunculaceae (미나리아재비과) *Anemone raddeana* Regel

순결한 별들이 하늘에서 쏟아진 듯
모데미풀

귀하지 않은 꽃은 없지만, 모데미풀은 더없이 귀하다고 해도 부족함이 없습니다. 숲에 피어 있는 꽃을 만나면 순결한 별들이 하늘에서 쏟아져 내려 숲에 자리를 잡은 듯 아름답습니다. 봄 내음이 한참 몰려오는 숲속, 졸졸 맑은 물이 흐를 듯한 계곡의 한 자락에서 모데미풀을 만납니다. 이 꽃이 더욱 귀한 이유는 너른 지구 상에서 우리나라에만 있는 특산 식물이며 희귀 식물로 보호받고 있기 때문입니다. 그래서 식물을 사랑하는 많은 이들은 모데미풀 꽃구경을 봄꽃 산행의 백미로 생각합니다. 수목원에서는 이를 보전하고 증식해 보려고 많은 조사와 연구를 하기도 하는데 좀처럼 곁을 내주지 않는 식물이기도 합니다.

'모데미풀'이라는 특별한 이름은 지리산 자락인 남원군 운봉면 '모데미'란 마을의 개울가에서 처음 발견되어 붙여졌는데 그 장소 역시 찾을 수 없어 참 안타깝습니다.

제가 만났던 가장 소복하고 아름답게 피어난 모데미풀 군락은 소백산 자락이었습니다. 크지 않는 나무들 사이사이를 거쳐, 스며들 듯 비추는 부드러운 햇살을 맞으며 살아가는 건강한 모습은 보는 일만으로도 행복이었습니다. 만나기도 어렵고 키우기도 까다로운 이 귀한 모데미풀을 언제까지나 볼 수 있게 잘 지키고 키우면 좋겠습니다.

모데미풀 Ranunculaceae (미나리아재비과) *Megaleranthis saniculifolia* Ohwi

샛노란 꽃송이가 환하게 아름다운
한계령풀

한계령풀과의 조우를 생각하면 아직도 꿈을 꾸는 듯합니다. 아
주 오래전이었습니다. 점봉산에서 길을 잃었습니다. 지금처럼 진
동리 계곡에 길도 잘 나 있지 않고 차도 깊이 들어갈 수 없던 시
절, 산 아래서 잠을 자고 새벽같이 길을 나섰는데 하루 종일 비가
왔습니다. 온종일 먹지도 앉지도 못하고 한치 앞이 안 보이는 비
구름 속에 갇혀 헤매다 길을 잃은 것이지요. 헤어 나올 수 없는 산
이 정말 무서웠습니다. 그러다 문득 들어선 어느 골짜기, 눈이 환
해질 만큼 큰 한계령풀 군락이 있었습니다. 얼마나 반갑던지요.
그 순간 행복한 기분이 들어 모든 고생스러움도 잊고 한참을 그
렇게 한계령풀과 있었습니다. 아쉬움을 뒤로 하고 겨우 발길을 돌
리고서도, 깊은 밤이 되어서야 가까스로 마을을 찾을 수 있었습니
다. 그때 한계령풀을 만났던 기억을 더듬어 수없이 점봉산 골짜기
를 뒤져 보았지만 아직도 그곳을 찾아내지 못했답니다. 꿈을 꾸었
던 것일까요?

'한계령풀'은 한계령에서 처음 발견되어 붙여진 이름입니다. 강
원도의 아주 깊은 산에서 더러 볼 수 있는 드문 풀입니다. 좀처럼
곁을 내주지 않는 풀이지만 샛노란 꽃송이들이 포도송이처럼 달
리는 모습은 참 정답고 마음까지 환해지도록 밝고 아름답습니다.

한계령풀 Berberidaceae (매자나무과) *Gymnospermium microrrhynchum* (S.Moore) Takht.

동글동글 반질반질 귀여운 잎새를 가진
동의나물

지천에 봄이어도 산의 그늘진 비탈면에서는 소복이 남은 눈을 만날 때가 있습니다. 계곡 가엔 얼음이 얼어 있기도 하고, 혹은 눈이 소리 없이 조금씩 녹아 졸졸졸 물이 흐르기도 합니다. 귀 기울여 그 물소리를 들으면 봄을 재촉하는 듯하여 여간 반가운 게 아니지요. 이 물소리를 가장 먼저 들으며 물가에 환하게 피어날 준비를 하는 꽃이 바로 동의나물일 것입니다. 봄, 산속 습지나 개울가 주변이 바로 동의나물이 자라는 곳입니다.

왜 동의나물이 되었을까요? 지방에 따라서는 이 식물을 두고 '동이나물'이라고도 하는데 언제나 맑은 냇가에 발을 담그고 자라며 둥근 잎사귀를 깔때기처럼 겹쳐 접으면 작은 동이처럼 보여 붙여진 이름인 것 같습니다. 한 시인은 동의나물을 두고 '방긋방긋 눈웃음을 지으며 가득한 햇살을 머금은 듯 행복한 표정을 하고서 우리 앞에 나타난다'고 말하더군요. 동글동글 반질한 귀여운 잎새, 샛노랗고 오목하고 예쁜 꽃송이는 수줍은 산골 소녀처럼 정말 밝고 곱습니다.

동의나물은 햇살이 적절하게 비추는 물가라면 어디라도 잘 살아갑니다. 그래서 우리가 사는 정원에도 심어 곁에 두고 키우며 사랑을 주기에도 충분합니다. 그만큼 아름답고도 강인한 꽃이랍니다.

동의나물 Ranunculaceae (미나리아재비과) *Caltha palustris* L.

요염한 자태를 뽐내는
흰얼레지

식물에 눈을 뜨고 식물 공부를 하고 싶다고 생각했을 때 가장 먼저 눈에 들어온 것이 바로 '얼레지'였습니다. 우연히 본 식물 책에서 얼레지 군락 사진을 보고는 한눈에 반해 버린 거지요. 그 이후로 얼레지를 만나러 이곳저곳을 산행했습니다. 일출도 볼 겸 올랐던 남해 금산, 가리왕산의 얼레지 군락이 추억과 함께 아직도 마음에 남아 있습니다.

우리 꽃의 아름다움은 소박한 데 있다고 하지요. 산골 소녀처럼 청초하고 깨끗하며 잔잔한 느낌이 바로 우리의 아름다움이라고 하지만, 더없이 깊은 산골에 살면서도 누구보다 요염한 자태를 뽐내는 꽃이 얼레지가 아닌가 합니다. 분홍빛의 꽃잎을 활짝 젖히고 모든 것을 다 보여 주며 내어 줄 듯 피어나는 것이 바로 얼레지니까요.

하지만 그 얼레지가 같은 모양을 하고 흰 꽃으로 피어나면 가장 순결한 모습이 됩니다. 투명하리만치 맑고 깨끗한 느낌의 흰 꽃잎을 가진 꽃들이 감히 범접하기도 어려운 아주 깊은 곳에 숨어 드물게 그 모습을 보여 주니 말입니다. 얼레지는 잎을 나물로 먹고, 땅속뿌리의 전분이 요긴하다 하는데 어찌 이리 귀한 꽃에 손끝 하나 댈 수 있나 싶습니다. 보는 일 만으로도 행복합니다.

흰얼레지 Liliaceae (백합과) *Erythronium japonicum f. album* T.B.Lee

봄꽃 소식의 첫 주인공
변산바람꽃

봄이 미처 다 오기도 전이고 겨울은 아직 미련을 버리지 못하고 그 흔적을 대지에 두고 있지만, 봄꽃을 기다리는 마음은 조급하기 이를 데 없습니다. 이즈음 이 땅 어디 어디에 무슨 꽃이 피었다는 소식들이 인터넷이나 SNS를 통해 분주하게 전파되지요. 특히 저의 랜선 친구들은 식물을 좋아하시는 분들이 많기 때문인지 전국 방방곡곡의 꽃 소식을 한자리에서 듣고 보고 할 수 있습니다. 그 많은 꽃 소식 가운데 가장 먼저 가슴에 봄꽃 바람을 일으켜 들썩이게 하는 주인공은 단연 변산바람꽃입니다. 이 귀한 봄꽃을 꼭 만나고 싶다면 정말 서둘러야 한답니다.

변산바람꽃은 전북 변산에 있는 개울물이 자작하게 흐르는 숲속에서 처음 발견되어서 '변산바람꽃'이란 이름이 붙었습니다. 경기도 산자락에서도 서해의 섬에서도 이곳저곳에서 발견되곤 합니다. 야리야리한 줄기 끝에 하나씩 흰 꽃이 달리는데, 워낙 여리고 고와 들꽃 동호인들은 '변산아씨'라는 별칭으로 부릅니다. 흰 꽃이 피지만 때론 연한 분홍빛이 도는 꽃봉오리가 흰빛으로 변하기도 합니다. 그러던 중 귀하게도 연둣빛 꽃들이 발견되었습니다. 참 다르지만 색의 변이일 수 있으니 새로운 종이라고 말하는 일은 참아야 합니다.

변산바람꽃(연두색) Ranunculaceae (미나리아재비과) *Eranthis byunsanensis* B.Y.Sun

4월
앉은뱅이 제비꽃을
정복하다

제겐 4월이 감당하기 어려울 만큼 아름답습니다. 무엇보다도 생명이 아름답습니다. 온 천지에 가득 피어오르는 생명들을 바라보노라면 그 실체가 무엇인지 알 수 없지만, 가슴 저 깊은 곳에서부터 뭉글뭉글 차오르는 감동은 표현하기가 어렵습니다. 때론 눈물이 울컥 쏟아질 듯도 하여 이런 심상은 새삼스럽고 민망하기도 하고요.

새봄에 그 각각의 생명들이 만들어 내는 빛깔, 움직임, 혹은 지향도 아름답습니다. 보송한 새싹의 솜털 위로 부드럽게 반짝이는 봄 햇살이며, 고만고만 같은 풀이라도 저마다 다른 모습으로 삐죽이 돋아나고 생그르 피어나는 모습이 진정 아름답습니다. 이 감당하기 어려운 느낌 때문에 4월을 잔인하다고 하는지도 모르겠습니다.

이미 3월에서 봄 숲을 찾을 때 키를 낮추어야 함을 알았습니다만, 4월에도 여전히 그 자세를 견지해야 합니다. 때론 고개를 들어 나뭇가지도 바라봐야 하지만 아직은 꽃구경에 더욱 정신을 쏟아야 할 때입니다. 키도 마음도 낮추어 풀들을 바라보고 눈 안에 들어오는 것들을 모두 알게 되면 좋겠지만, 한 번에 다 알려고 하면 하나도 모르는 듯하여 봄꽃들과 친구하기가 저만치 멀어집니다.

그래서 모든 것을 한 번에 알겠다는 욕심을 버리고 4월에 들이 나 산이나 어디에서든 가장 가깝게 그리고 가장 다채롭게 피어나 는 제비꽃 집안을 한번 정복해 볼까 합니다. 우리가 제비꽃 집안 과 가까워지는 방법을 완벽하게 익히고 나면 나머지 식물들도 같 은 요령으로 친분을 만들면 되니까요. 성공한다면 단언하건데 식 물을 알아 가는 데 새로운 지평이 열린다는 느낌이 들 것입니다. 저는 언제나 식물을 만날 때 감성을 중시합니다만 자연을 공부하 는 일은 과학이랍니다. 그래서 조금이나마 기본적이고 과학적인 체계를 염두에 두고 만나면 훨씬 좋습니다.

제가 그냥 제비꽃 하나를 소개하지 않고 '제비꽃 집안'이라고 말 한 이유는 이 때문입니다. 식물을 익히는 데 집안을 보는 일은 아 주 중요합니다. 식물을 공부하는 가장 기초 학문인 '식물분류학' 이란 간략히 말하면 식물을 구분하여 정확한 이름을 붙이고 작은 집안부터 큰 집안까지 집안을 나누어 계통을 밝히는 것이니까요.

많은 분이 식물을 배우기 시작하면서 느끼는 한계가 처음엔 하 나하나 식물을 알고 있는 것만 같았는데, 좀 더 알고 나면 비슷한 식물이 많아 그게 그거 같고 결국은 알던 것도 잘 모르겠다 싶습 니다. 맞죠? 그것은 집안, 즉 그 식물이 가지는 배경과 특징 속에 서 차이점들을 찾아가면 좋은데 그저 각각의 단면만 보았기 때문 입니다.

제비꽃, 노랑제비꽃, 알록제비꽃 등 이들 각각의 종種이 모두 속한 가장 작은 집안 단위는 '제비꽃속屬'입니다. 비올라*Viola*, 혹은 바이올렛*Viloet*은 이 집안의 제비꽃류들을 모두 합친 이름입니다. 그보다 큰 집안은 제비꽃과科로, 우리가 학창 시절 생물 시간이면

남산에서 처음 발견되어 '남산제비꽃'이라 불러요. 갈라진 잎이 특징이죠. 향기도 좋아요.

영문도 모르고 무조건 외운 분류 체계 종種－속屬－과科－목目－강綱
－문門－계界가 바로 작은 집안에서 큰 집안으로 가는 가계家系의 순
서입니다. "먼저 집안의 특징을 알고 그 안에서 다른 식별 포인트
를 기억하라." 이것이 제가 권하는 식물을 제대로 익히는 비결의
하나입니다.

5장의 꽃잎 중 가장 아래 꽃잎이 커져 뒷부분에 툭 튀어나와 생
긴 꿀샘이 있고, 그 가운데를 꽃받침이 집게처럼 잡고 있는 모습
을 보면 꽃의 색깔이 어떻든 잎의 모양이 어떻든 먼저 '아! 제비꽃
집안이구나' 하고 생각하셔야 합니다. 물론 제비꽃 집안에는 잎
아래에 턱잎이 존재하고, 대가 짧은 5개의 수술이 씨방을 둘러싸
고 있는 특징도 있습니다.

집안을 먼저 인지하고 나서 노란색 꽃이 피었으면 '노랑제비꽃',
새로 나온 잎이 고깔 모양으로 말려 나오면 '고깔제비꽃', 꽃도
잎도 제일 작은 것은 콩알처럼 작다 하여 '콩제비꽃', 잎에 알록알
록한 무늬가 있으면 '알록제비꽃' 하는 방식으로 구별해 보는 것
이지요. 물론 점차 실력이 늘어 식물학적 특징을 정확히 알고자
할 때는 검색표 등을 활용하면 좋은데 우선, 집안부터 보고 종을
구별하는 방식을 익히면 도감 찾기도 쉽고, 혼동도 줄어듭니다.

'제비꽃'이란 이름은 꽃의 날렵한 자태와 빛깔이 제비를 닮았고
제비가 돌아오는 봄에 꽃이 피기 때문에 붙여졌습니다. 이 식물들
은 친근한 만큼 별명도 많아요. 흔히 '오랑캐꽃'으로 기억하는 분
들이 많은데 조선 시대에 겨울이 지나고 봄이 와서 각 마을마다
이 꽃이 피어날 무렵이면 북쪽의 오랑캐들이 쳐들어와 붙여진 이
름이라고도 하고, 꽃의 밑부분이 부리처럼 길게 튀어 나왔는데(이

부분을 식물 용어로 '거庭'라고 부릅니다) 이 모습이 오랑캐의 머리채와 같아서 그렇게 부르기도 한답니다.

사랑스러운 꽃 모양새와는 달리 우리 민족이 겪은 수난의 역사를 말없이 보여 주기도 하지요. 이외에도 꽃 모양이 씨름하는 모습 같아 '씨름꽃', '장수꽃'이라고도 합니다. 또 이른 봄 새로 태어난 병아리처럼 귀여워 '병아리꽃', 나물로 먹을 수 있어 '외나물', 나지막한 모양새를 따서 '앉은뱅이꽃'이라고도 하는데, "보랏빛 고운 빛 우리 집 문패꽃 꽃 중에 작은 꽃 앉은뱅이랍니다" 하는 동요의 그 꽃이 바로 제비꽃이에요. 소녀들의 반지가 되어 '반지꽃'이라 불리고, 그 외에도 '여의초如意草', '전두초箭頭草', 한방에서는 '자화지정紫花地丁', '근근채菫菫菜'라고도 부르니 그 이름만큼 우리와 친숙한 꽃이라는 증거지요. 색깔 중에서 보라색을 '바이올렛'이라고 하는 것은 바로 제비꽃의 보라색을 보고 이름 붙였기 때문입니다.

새봄에는 땅만 보고 다녀 보자고요. 제비꽃 집안 식구들은 도시에도 산골에도 우리의 발길이 닿는 어느 곳에나 따사로운 햇살을 받으며 자라고 있으니 수많은 제비꽃을 하나하나 찾아보며 이 작은 들꽃들마저 얼마나 가지각색으로 아름답고 사랑스러운지 발견해 보는 거예요. 이처럼 자연을 재발견하는 즐거움으로 소중한 나만의 제비꽃 도감을 만들어도 좋고, 꽃잎을 눌러 사랑하는 이들에게 카드를 보내도 좋고, 한번쯤은 화려한 꽃잎으로 꽃 요리를 만들어 먹는 호사를 누려도 좋을 듯해요.

저는 결혼식 전날 그 순결한 제비꽃이 좋아 그 꽃 부케를 만들고 싶어 하루 종일 들판을 헤매다가 봄 햇살에 까맣게 탄 얼굴로 결혼식장에 나타난 신부도 압니다. 그 분은 이미 손녀를 두고 계시지만 여전히 소녀 같은 마음으로 들꽃을 사랑하여 수필을 쓰시고, 한 해에 한 번은 세계의 숲으로 여행을 떠나시지요. 바라보기에도 평안하고 반짝이는 삶을 식물과 함께 엮어 가고 계십니다. 오늘 만난 제비꽃 한 송이가 여러분에게 그런 삶의 실마리가 된다면 제 삶도 의미 있을 것 같습니다.

무리 지어 피는 연보랏빛 꽃송이들
깽깽이풀

'깽깽이풀'이라니, 이름도 참 정답습니다. 그리 깊지는 않아도 봄볕이 충분히 느껴지는 그런 숲가에서 몇 포기씩 무리 지어 피는 연보랏빛 꽃송이들을 만나면 그 다정한 이름과 어울리는 모습에 행복한 느낌마저 든답니다. 워낙 귀한 풀이라 자생지에서 어렵사리 만났기에 더욱 그러한지도 모르겠어요.

깽깽이풀은 겨우내 지상에서는 흔적도 없이 사라졌다가 어느 봄날 느닷없이 이내 작은 꽃망울들을 내어 보냅니다. 그렇게 올망졸망 맺힌 꽃망울들은 아주 햇볕이 좋은 어느 날 갑작스레 꽃잎을 펼쳐 내며 환하게 웃지요. 꽃이 피고 난 다음 마치 '쑥' 하고 소리를 낼 것처럼 자라 올라오는 잎사귀들의 모양도 매우 재미난데, 뿌리에서 하나씩 올라오는 잎사귀는 자줏빛을 띠며 서로 마주 보고 반 정도 올라왔다가 이내 자루를 길게 올려 귀여운 잎을 펼쳐 내곤 해요. 게다가 깽깽이풀은 씨앗에 엘라이오솜Elaiosome이라는 영양분이 있어, 개미가 이를 옮기다가 떨어뜨려 개미가 만든 꽃밭이 생겨나기도 합니다.

봄 꽃잎의 계절 동안 자라난 땅속뿌리를 거두어 보면 땅 위로 드러난 부분보다 땅속 부분이 더 크다는 생각이 듭니다. 하긴 봄 꽃들이야 이렇게 땅속의 저력이 없었던들, 모진 겨울을 이겨내고 이른 봄에 그리 훌륭하게 꽃을 피워 내겠나 싶네요.

깽깽이풀 Berberidaceae (매자나무과) *Jeffersonia dubia* (Maxim.) Benth. & Hook.f. ex Baker & S.Moore

흰 꽃이 새록새록 고운
애기나리

우리나라 숲에서 가장 널리, 그리고 가장 많이 땅 위를 덮고 있는 풀은 무엇일까요? 산거울이나 김의털처럼 꽃잎이 따로 없어 일반인으로서는 구별하기 어려운 벼나 사초과 식물들을 제외하고 나면 애기나리가 꼽히지 않을까 합니다. 제비꽃 종류처럼 몇 포기씩 자라는 것이 아니라 군락을 이루어 지면을 덮으며 자라니 생각보다 훨씬 많겠지요.

그런데 왜 이렇게 많고 흔한데도 많은 이가 잘 알지 못할까요. 워낙 키 작은 풀들을 눈여겨보지 않은 탓도 있지만 잎새 모양으로 보면 '둥글레'려니 하고 지나치기 쉽고, 꽃도 원색적이지 않아 눈에 금세 들어오지 않으며 무엇보다 지천이어서 그리 귀하게 여기지 않는 마음도 있는 듯합니다.

하지만 애기나리는 새록새록 고운 식물입니다. 봄에 새로 나와 바로 한 뼘쯤 자라는데 그나마도 서지 못하고 비스듬히 누워 자랍니다. 마디마디 달리는 잎을 따라 올라와 그 줄기 끝에 달리는 애기나리의 흰 꽃들이 곱기만 하답니다. 마디마다 꽃이 달리는 둥글레와의 차이점이에요. 둥글레 집안 식물임에도 불구하고 이름 뒤에 '나리'를 붙인 연유는 애기처럼 작지만 나리꽃처럼 예쁘다는 뜻이 아닐까 생각해 보았습니다.

애기나리 Liliaceae (백합과) *Disporum smilacinum* A.Gray

산골 소녀의 귀여운 주근깨를 닮은
금강애기나리

애기나리가 흔히 보는 봄꽃이라면, 금강애기나리는 아주 귀한 봄꽃입니다. '진부애기나리'라고도 부르는데 이름 앞에 '금강', '진부'라는 지명이 붙은 것으로 이미 짐작하셨겠지만 강원도의 깊은 골짜기에서 처음 보았다고 합니다. 지리산이나 덕유산, 천마산 같은 곳에서도 발견되지만 대부분 깊은 산골짜기라는 점은 모두 같습니다. 그러고 보니 이름에 '금강'이라는 글자가 붙은 것은 하나같이 귀한 식물들이네요. 금강초롱을 시작으로 금강제비꽃, 금강분취, 금강봄맞이….

잎만 보면 애기나리와 아주 비슷하지만 금강애기나리의 잎은 더 가늘고 끝이 뾰족하답니다. 봄에 피는 꽃이 재미난데 조금 진한 황백색 꽃잎에 자주색 점들이 가득하여 마치 맨 얼굴로 하루 종일 산과 들을 뛰어다니는 산골 소녀의 귀여운 주근깨를 보는 듯합니다. 그래서 꽃구경을 하고 나면 말괄량이 삐삐처럼 와락 정다운 생각이 드는 꽃입니다.

꽃보다 더 만나기 어려운 열매는 빨갛게 익는답니다. 한번 보기만 해도 즐거운 그런 빛깔이에요. 차이점이 많다 보니 식물 족보상 애기나리와는 형제자매라기보다는 사촌뻘 되지요.

금강애기나리 Liliaceae (백합과) *Streptopus ovalis* (Ohwi) F.T.Wang & Y.C.Tang

화사하고도 맑은 분홍빛 작은 꽃
설앵초

설앵초는 아주 작은 풀이랍니다. 한 10센티미터 정도 되려나요? 설악산이나 가야산과 같은 아주 크고 깊은 산, 높은 곳의 물가 바위틈과 습지 주변에서나 만날 수 있는 아주 귀한 풀 중 하나입니다. 봄 숲에서는 볕이 들고 물기가 축축한 곳에서 간혹 꽃도 키도 큰 '앵초'를 만날 수 있고, 앵초 가운데 정말로 드물게 흰 꽃이 피는 '흰앵초'도 있습니다. 그늘이 필요한 여름 그늘진 숲속에서는 키가 훨씬 크게 자라는 '큰앵초'도 만날 수 있고요. 앵초 집안 식구들은 모두 제각기 개성 넘치는 고운 꽃을 피우지만, 특히 키도 작고 꽃도 작은 '설앵초'는 키에 비해 꽃송이들이 차지하는 비율이 아주 높아, 분경처럼 작은 면적의 공간에 올망졸망 작은 식물들을 심고 꽃을 키워 내고자 할 때 인기 만점이지요.

봄이면 주걱처럼 생긴 주름 많은 잎 사이로 줄기를 올리고, 그 끝에는 우산살처럼 펼쳐져 달리는 꽃차례로 화사하고도 맑은 분홍빛 꽃송이들을 피워 내지요. 평이한 곳에서는 볼 수 없는 독특한 생태와 은빛 가루를 뿌려 놓은 듯한 잎사귀도 설앵초를 더욱 빛나게 만드는 특징입니다.

왜 '설앵초'란 이름이 붙었을까요? 잎에 자리한 은빛 가루가 눈처럼 보였을까요? 눈이 오래도록 녹지 않은 높은 산의 높은 곳에서 자라기 때문일까요?

설앵초 Primulaceae (앵초과) *Primula modesta* Bisset & S.Moore var. koreana T.Yamaz.

어여쁜 여인의 벌어진 입술 같은
현호색

숲은 봄이 더디게 온답니다. 봄바람이 들어 한창 부푼 마음으로 떠난 봄 산행은 더디기만 한 꽃 소식에 실망하기 십상인데, 그래도 마른 가지와 누렇게 남아 있는 겨울의 흔적 사이에서 어김없이 현호색의 반가운 꽃이 피어납니다.

현호색은 겨우내 얼었던 대지가 몸을 녹이면 가장 먼저 싹을 틔우고 곧바로 꽃을 피워 내 이른 봄 한 달 정도 살다가는 열매를 맺어 버립니다. 다른 식물들처럼 꽃이 지고 나면 잎이라도 달고서 여름을 보냈다가 가을에 결실하고 겨울 앞에서 죽는 것이 아닙니다. 봄에 이 모든 일을 마치고는 흔적도 없이 이 땅에서 사라져 버리므로 봄이 무르익기를 기다려 일을 시작하는 게으른 식물학자나 산사람에게는 좀처럼 그 모습을 보이지 않는 그야말로 봄의 꽃이랍니다.

손가락 두 마디 정도의 길이로 길게 옆으로 뻗은 보랏빛 꽃의 한쪽 끝은 여인의 벌어진 입술처럼 위아래로 갈라져 벌어지는데, 진짜 입술인 양 꽃잎 2장 모두 가운데가 약간 패어 있어 요염합니다. 꽃이 약간 들린 반대쪽 끝으로 가면 아까와는 대조적으로 뭉툭하게 오므라져 있어 그 모습이 재미납니다.

현호색 Papaveraceae (양귀비과) *Corydalis remota* Fisch. ex Maxim.

봄과 초가을에 부지런히 피어나는
솜나물

꽃을 보면, 아니 잎만 보아도 왜 솜나물인지 금세 알아요. 잎에도 줄기에도 거미줄 같은 흰색 털이 가득하답니다. 사실 솜나물은 봄꽃이기도 하고 초가을 꽃이기도 합니다. 신기하게도 1년에 꽃이 2번 피어요.

우선, 조금은 건조하고 볕이 드는 봄 숲의 가장자리에서 한 뼘 남짓 꽃대를 올리면 그 끝에 연한 자줏빛 고운 꽃들이 피어나는데 완전히 피고 나면 흰색 꽃처럼 보이기도 합니다. 정확히 말하면 꽃잎처럼 보이는 혀 모양의 꽃들이 돌려나며 꽃차례를 만드는 것인데 뒷면이 연자줏빛이고, 피어나 드러난 꽃 색은 흰색입니다. 여름이 갈 즈음엔 키가 30센티미터 이상이 되고, 잎새들도 갈라진 모습으로 꽃들이 달립니다. 폐쇄화여서 마치 봉오리처럼 꽃들이 펼쳐지지 않고 그 안에서 스스로 꽃가루받이가 이루어집니다. 보통 폐쇄화는 봄꽃들의 부진한 결실을 보완하기 위한 장치입니다. 마치 민들레 씨앗 같은 모습으로 둥글게 달린, 깃털을 부풀린 열매가 노력의 결실처럼 보여서 무르익은 가을을 느끼게 해 줍니다.

꽃들이 이렇게 준비하고 변신하며 잘 살아가려고 애쓰는 모습을 보면, 우리도 살아가다가 무엇이 부족하고 어렵다며 남 탓, 세상 탓하는 버릇은 버려야 하나 봅니다.

솜나물 Asteraceae (국화과) *Leibnitzia anandria* (L.) Turcz.

노란 금붕어가 입을 벌린 듯 독특한
산괴불주머니

봄에 피어나는 꽃 중에서 가장 씩씩한 꽃이 아닐까 싶습니다. 봄 숲에 지천으로 무리 지어 피는 데다가 노란 꽃들을 줄줄이 많이도 달고 피어납니다. 본디 노란색이 눈에 잘 띄는 색인 데다가 때론 수십, 수백 포기가 함께 산비탈 전체를 덮고 자라고 있으니 봄 산행을 떠났다면 반드시 만나게 되고, 한번 만나면 꼭 이름이 궁금해지는 그런 꽃이랍니다.

산괴불주머니는 양귀비과에 속하는 두해살이풀입니다. 다 자라면 무릎에 조금 못 미치는 높이까지 올라오지만 줄기의 속이 비어 있어 큰 힘을 받지 못하지요. 수명이 짧은 다른 봄꽃들과는 달리 오래오래 볼 수 있는 것이 이 꽃의 참한 점이지요. 꽃 앞에 쪼그리고 앉아 꽃송이 하나하나를 가만히 들여다보아도 참 독특합니다. 길쭉한 꽃송이가 한쪽은 뭉툭하게 막혀 튀어나오고, 다른 한쪽은 벌어져 마치 노란 금붕어가 입을 벌리고 있는 듯하지요. 예전에 오색 비단 헝겊을 이용하여 여러 모양의 수를 놓아 만든 노리개를 '괴불주머니'라고 했는데, 그 모양을 닮아 붙은 이름이랍니다. 꽃 모양을 자세히 보면 현호색 종류들과 비슷한 한집안 식물입니다만, 한방에서 '현호색'이라 부르는 약재인 둥근 덩이줄기를 땅속에 가지고 있지 않아 다른 이름으로 부르게 되었지요.

산괴불주머니 Papaveraceae (양귀비과) *Corydalis speciosa* Maxim.

별꽃보다 더 풍성하고 고운
개별꽃

얼레지나 복수초처럼 눈에 확 들어오는 고운 모습에 이미 인기 몰이를 하고 있는 이름난 봄꽃들이 있습니다. 하지만 언제나 주변에 있었던 탓인지 마치 잡초처럼 생각해 눈여겨보지 않던 풀이었는데, 어느 날 문득 와닿아 새록새록 마음에 남는 꽃들도 있습니다. 꽃들을 돌돌돌 말아서 하나씩 피워 내는 꽃말이와 냉이와 꽃다지도 그러하고 개별꽃도 그중 하나입니다.

숲의 깊고 얕음을 가리지 않고 어느 곳에나, 볕이 새어 드는 숲길 가장자리쯤에 혹은 계곡의 한 모퉁이쯤에 피어 있는 개별꽃. 그래서 봄꽃의 느낌을 키 낮추어 느낄 수 있는 이라면 누구나 만났음 직한 개별꽃. 그저 무심히 풀로 지나쳐 버리기 쉽지만 보면 볼수록 알면 알수록 좋은 개별꽃. 별꽃보다 더 풍성하고 더욱 고운 꽃, 개별꽃이지요.

개별꽃은 석죽과에 속합니다. 봄이면 언제 어디서나 볼 수 있고 키는 10센티미터 정도 되는 키 작은 풀이지요. 줄기엔 타원형의 잎이 마주나는데, 2쌍이 아주 가깝게 있어 마치 4장의 잎이 꽃들을 받쳐 들고 있는 듯 보입니다. 그리고 그 끝엔 봄의 별처럼 5장의 꽃잎을 가진 흰 꽃이 소박하게도 핍니다.

개별꽃 Caryophyllaceae (석죽과) *Pseudostellaria heterophylla* (Miq.) Pax *ex* Pax & Hoffm.

5월
그 꽃들의
이름을 불러 주었을 때

5월이 오면 누구나 마음이 들뜹니다. 눈부신 계절 탓입니다. 5월의 그 빛과 향기와 기운은 우리 모두를 어디론가 떠나고 싶은 충동에 매달리게 합니다. 그중에서 특히 온갖 꽃이 다투어 피기 시작하고, 맑은 연둣빛 새잎들이 아름다운 숲으로 말입니다.

하긴 이즈음엔 숲으로 가는 발길을 재촉하는 이들이 많아지는 모양입니다. 때론 사람 많은 도시를 피해 산으로 가도 사람에 가려 숲이 느껴지지 않을 정도니까요. 왜 그 많은 발길이 숲으로 이어지는 것일까요? 건강 관리나 땀 흘리고 오른 정상에서의 상쾌함 등 일차적인 이유들이 존재하겠지만, 의식하지 않아도 그 모든 일의 바탕에는 초록의 숲이, 그 숲의 나무와 풀, 잎사귀를 스치고 지나간 바람 소리, 숲속의 유기물과 무기물이 어우러져 만들어 낸 특별한 기운 때문이 아닐까 싶습니다.

그런데 문득 궁금해집니다. 그 많은 이가 가쁜 숨을 몰아쉬고, 땀을 훔쳐 가며 향한 숲에서 과연 모두들 무엇을 보고 무엇을 느끼며 어떤 마음으로 돌아가는지가요. 제가 보는 이 온갖 생명의 향연을 숲을 찾는 모든 사람도 공유하고 있는 걸까요? 가만히 보면 산에 오르는 사람들은 남보다 빨리 정상을 정복하려는 '정상

야호형'과 가까운 사람들과 어울려 먹고 마시며 시간을 보내는 '함께 즐겁게형'으로 나누어집니다. 요즘엔 점차 자연이나 숲 그 자체를 고즈넉이 느끼며 시간을 공유하는 분들도 늘어나고 있지만 이런 분들도 지속적으로 숲과 '어떻게' 공유할 수 있는가, 혹은 초기의 그 '신선함'을 유지할 수 있는가 하는 부분에 가면 막히고 맙니다. 숲에 가면 누구나 좋은 마음이 들지요. "아! 숲 좋다. 공기도 맑고 시원하고…." 그런데 그 다음엔 할 말이 없어지고 만답니다.

하지만 적어도 숲에 사는 풀과 나무들의 이름을 100가지 아니 그 반만 알고 있어도 그냥 초록이던 숲은 갑작스레 다정하고 친근한 공간이 됩니다. 그냥 나무이고 그냥 풀이었던 숲의 존재들이 각각의 의미를 가지고 다가오게 되는 것이지요. "와! 신갈나무, 너 참 튼튼하게 생겼구나. 그런데 잎도 제대로 피기 전에 축축 늘어진 것이 도대체 뭐야? 아! 꽃이라구? 꽃을 많이 달고 있는 걸 보니 도토리도 많이 열겠어.", "얼레지, 오랜만에 만나네. 널 처음 만난 게 남해 금산에서였지. 넌 언제 봐도 반갑고 예뻐."

이름을 안다는 것은 숲을 이루고 있는 구성원들을 비로소 하나하나 구분하여 알아보는 일이며, 그들과 함께하며 새록새록 깊어갈 인연의 첫 시작이 됩니다. 시인의 말처럼 그가 내 이름을 불러주었을 때 꽃이 되었듯, 우리가 이 봄에 만난 나무와 풀들의 이름을 불러 주었을 때 그들은 비로소 우리에게 의미가 되고 위로가되며, 행복과 지혜를 건네기도 하는 그 무엇이 되기 시작하지요. 그 순간은 우리가 지금까지 몰랐던, 눈부시게 아름다운 세상이 새롭게 열리는 순간이기도 합니다.

사실 우리가 처음 사람을 만나 인사를 나누는 것도 결국은 이름을 나누는 일이지요. 새 학년이 시작되어 선생님이 새로운 학생들을 만날 때 처음 하는 일은 이름 외우기입니다. 이름 그 자체가 중요하다기보다는 여럿 중에 다른, 그래서 의미 있는 각각을 구분하는 표현이 바로 이름이기 때문입니다.

그런데 문제는 한번 기억했던 식물들의 이름을 자꾸 잊어버린다는 점입니다. 하지만 식물 이름을 기억하는 것이 직업인 저 같은 사람이 아니라면 너무 심각하게 생각하지 마세요. 식물을 만나는 일이 즐거움이어야 하는데 부담이 되어서는 안 되니까요.

이름을 아는 일도 재미나게 마치 즐거운 퍼즐 게임을 하듯 시작해 봅니다. 어떤 꽃 이름에서 시작해 볼까요? 5월에 아름다운 꽃이 피는 들꽃 중에서 붓꽃이 먼저 생각나는군요. 붓꽃은 왜 붓꽃일까요? 지금 한창 피어 있는 붓꽃은 그 꽃봉오리가 글씨를 쓰려고 먹물을 찍은 붓과 같아 '붓꽃'이라고 합니다. 당장 붓꽃의 무리에서 꽃봉오리를 찾아보세요. 그 이름을 절실하게 느낄 수 있습니다.

이름에 대한 공감이 가슴에 작은 자국을 남깁니다. 좀 더 진도를 나가 식물 집안을 통해 이름을 알아봅시다. 붓꽃 집안의 공통점은 바깥쪽 꽃잎 3장과 안쪽 꽃잎 3장이 교대로 어우러져 꽃을 구성합니다. 안쪽 꽃잎을 들여다보면 그 속에 수술이 숨어 있어요. 길쭉하게 뻗은 나란히맥을 가진 잎이 있고요. 붓꽃 집안 식물들의 공통적인 구조를 이해하셨죠?

붓꽃 집안이 확실한데 보라색 꽃이 피고 키가 큰 붓꽃에 비해 키가 작고 노란 꽃이 핀다면 '노랑붓꽃'이거나 '금붓꽃'입니다. 붓꽃과 아주 비슷하지만 새색시처럼 작고 여리다면? '각시붓꽃'이지요. 키가 아주 작다 보니 마치 꽃이 바닥에 붙은 것처럼 보인다

노랑무늬붓꽃	부채붓꽃
꽃창포	흰붓꽃
노랑꽃창포	난쟁이붓꽃

55

면? '난쟁이붓꽃'입니다. 노란색 꽃이 아니라 흰색 꽃인데 다만 꽃잎에 노란색 무늬가 있다면? '노랑무늬붓꽃'입니다. 붓꽃 집안을 통틀어 부르는 집안 이름, 즉 속명은 아이리스*Iris*입니다. 그리스로마 신화에 나오는 무지개 여신의 이름이기도 하지요. 붓꽃의 꽃잎에 있는 알록한 무늬가 무지개 같아서 붙은 이름이랍니다. 그러니 붓꽃 집안 꽃잎은 무늬를 가지는 공통점이 있지만 그 모양과 색깔은 모두 다르지요.

들꽃 이름 알기를 좀 더 해 볼까요? 봄에 피는 '노루귀'는 꽃이 질 즈음 그 옆에서 새로 잎이 나오는데 펼쳐지기 전에 솜털이 보송한 잎이 어린 노루의 귀와 같지요. '금낭화' 꽃은 정말 고운 꽃 모양이 비단 주머니 같고요. 줄기를 잘라 애기 똥 같은 노란 액이 나오면 '애기똥풀', 피와 같이 붉은 액이 나오면 '피나물'이랍니다. 이렇게 식물 이름과 특징을 맞추어 가다 보면 숲에서 이름을 알게 되어 어느새 친구가 되는 들꽃이 금세 많아질 것입니다. 들꽃들은 보기에만 좋은 것이 아니라 약이 되기도 하고, 먹을거리가 되기도 하는데 때로는 그 쓰임의 실마리를 이름에서 찾기도 합니다. 예를 들어 '엉겅퀴'라는 이름은 '피를 엉키게 한다' 하여 붙은 이름이라니 지혈제를 만드는 데 쓰일 수 있지요.

이름에는 지금까지 우리가 재미나게 불렀던 우리말 이름도 있지만 전 세계가 함께 쓰는 이름도 있어요. '학명學名'이라고 하지요. 학명은 세계인들이 함께 써야 하는 이름이므로 전 세계 식물 분류학자들은 '국제식물명명규약'이라는 것을 만들어 5년마다 토론하고 수정하며 법처럼 엄격하게 지키고 있답니다. 한 학자가 지구 상에서 존재하는 어떤 식물의 존재를 처음 발견하면 규약에 따라 조금은 복잡한 과정을 거쳐 이름을 정하고 표본을 만들며 공신력 있는 표본관에 보관하고 세계의 사람들이 알 수 있도록 발표를 합니다. 학명의 맨 뒤에는 '명명자命名者'가 붙게 되므로 자신의 이름을 두고두고 남기고 싶은 사람에겐 이것도 한 방법입니다. 물론 신종을 발견하는 일이 마음대로 되는 건 아니지만요.

먹고 살기 바쁜데 무슨 이름 타령이냐고 하는 분이 있을지도 모르겠습니다. 하지만 식물 이름 하나에도 나라 잃은 아픔의 역사가 그대로 담겨 지금까지 이어지기도 합니다. '금강초롱'은 금강산에서 처음 발견된 초롱꽃과 유사한 식물이어서 붙은 이름으로 전 세계에서 우리나라에만 자라는 특산 식물인데 전 세계가 함께 쓰는 학명은 애석하게도 하나부사야 아시아티카 나카이Hanabusaya asiatica Nakai입니다. 일제 강점기 때 '나카이'라는 일본인 학자가 이 식물을 발견하고 '하나부사'라는 후견자의 이름을 우리나라 특산 식물의 고유 집안 이름에 붙여 공포한 것이지요. 정말 안타까워도 전 세계의 약속에 따라 붙인 것이니 이제와 마음대로 바꿀 수도 없습니다. 너무 이야기가 거창해졌다 싶지만 시작은 이름이니 이 계절엔 아름답게 피어나는 들꽃 이름 10가지만 아는 것을 목표로 해 보자고요. 돌돌 말린 꽃줄기가 펼쳐지며 피어나는 '꽃마리', 봄 햇살이 따뜻한 양지바른 곳에서 피는 '양지꽃', 순결한 흰 꽃이 피어나며 청아한 종소리라도 울릴 것 같이 고운 '은방울꽃', 깻잎 같은 잎이 달린 '벌깨덩굴', 찝찝한 냄새가 나긴 하지만 연보라색 꽃만큼은 예쁜 '쥐오줌풀', 열매도 꽃도 병 모양을 닮은 '병꽃나무', 소가 먹으면 흥분하여 미친 것처럼 보이는 '미치광이풀', 잎이 둥글둥글 '둥굴레'까지요.

순백의 은종들이 조랑조랑 달린
은방울꽃

잎사귀 뒤에 숨어 익는 고운 열매가 산딸기라면, 잎사귀 뒤에 숨어서 피어나는 고운 꽃은 은방울꽃입니다. 나무가 들어찬 숲속, 간간이 드러나는 틈으로 따사로운 햇살이 찾아드는 곳으로 가 보세요. 넓적하게 2갈래로 펼쳐진 잎사귀 사이로 작고도 순결한 흰색의 은종들이 조랑조랑 매달린 은방울꽃을 만날 수 있습니다.

은방울꽃은 백합과에 속하는 여러해살이풀입니다. 봄이면 손바닥처럼 넓게 퍼지는 잎이 드러나고, 이내 꽃자루가 올라와 자루를 따라 많게는 10개 정도 은방울 같은 꽃이 달립니다.

'은방울꽃'이란 이름도 이 고운 꽃의 모양을 딴 것입니다. 둥근 종 모양의 흰 꽃들과 뒤로 살짝 말린 6갈래의 잎끝, 작은 꽃들이 서로서로 사이좋게 달려 있는 모습이며, 수줍은 듯 휘어져 고개 숙인 모습까지 모든 면에서 이름보다 훨씬 아름다운 꽃임이 틀림없습니다. 그렇게 잠시 발걸음을 멈추고 쪼그리고 앉아 은방울꽃 구경 삼매경에 빠져 있노라면 어디선가 살포시 봄바람이 불고 그 부드러운 바람결에 실려 오는 은방울꽃의 향기가 있습니다. 맑디 맑은 천상의 향기가요. 현란하고 화려하진 않아도 눈길과 후각과 마음을 동시에 사로잡는, 이만큼 매력 있는 꽃을 찾기도 어려울 듯합니다.

은방울꽃 Liliaceae (백합과) *Convallaria keiskei* Miq.

황금빛 물결이 일렁이듯 아름다운
피나물

   피나물이 가장 멋진 이유는 조금 깊은 숲에 들어가도, 또 키 큰 나무들이 머리 꼭대기에 자리 잡고 볕을 다소 가려도 아무런 불평 없이 군락을 이루고 꽃을 피워 봄의 장관을 만들어 낸다는 점입니다.

   피나물은 양귀비과에 속하는 여러해살이풀입니다. 이른 봄, 진하디진한 노란 빛깔을 가진 꽃이 달리고 여러 송이가 모여 한 포기를 만드는 데다가 군락을 이루어 자라니, 한창 피어난 피나물 무리를 제대로 구경하면 마치 황금빛 물결이 일렁이듯 아름답지요.

   제가 평생을 일해 왔던 광릉숲 국립수목원에는 아주 아름다운 피나물 군락이 있답니다. 제가 아는 최고의 피나물 경관입니다. 4월 말이면 수목원 이곳저곳에서 피나물 구경이 가능하지만 특히 전나무 숲 가는 길, 생태탐방로를 걷다 보면 스러진 나무 사이로 조금씩 새어드는 햇살을 받으며 포기 포기 피어난 피나물 무리로 세상이 온통 환해집니다. 다만 그 시기가 한 주를 넘지 못할 만큼 짧다는 것이 참 아쉬운 일입니다. 이때를 놓치면 1년을 다시 기다려야지요.

   노란 꽃이 피는데 왜 피나물이 되었냐고요? 양귀비과 식물들은 줄기를 자르면 유액이 나오는 것이 특징인데 피나물 유액은 붉은색이기 때문이지요.

피나물 Papaveraceae (양귀비과) *Hylomecon vernalis* Maxim.

특별한 쓰임새가 더욱 반가운
삼지구엽초

　이 풍성한 봄꽃들의 대열에 삼지구엽초도 있습니다. 이 봄, 삼지구엽초와의 해우는 일상적이지 않습니다. 워낙 자양강장 효과가 매우 높은 약초로 이름을 날리고 있는 식물이어서 봄에 피는 꽃으로 그 아름다움과 특별함을 느끼기도 전에 선입견을 가지고 만나기 때문입니다. 그리고 그 쓰임새가 참 특별하고, 더욱이 이 꽃이 살아가는 숲의 변화로 설 자리를 잃어 가고 있어 자연스럽게 만나기도 쉽지 않아서이기도 하지요.

　'삼지구엽초'는 한 가지가 3갈래로 2번 갈라져 총 9장의 잎이 달리기에 붙은 이름입니다. 그런데 이 이름보다는 '음양곽'이라는 생약 이름으로 더욱 유명합니다. 몸에 힘을 넘치게 해 준다는 약효 때문에 수많은 개체들이 수난을 당해서 그 수가 많이 줄어든 식물 중에 하나입니다. 사람만 위협적인 것은 아닙니다. 우리 숲이 울창해지고 천이遷移가 진행되면서 생태 환경이 변화하는 것도 원인의 하나입니다. 삼지구엽초는 다소 햇볕이 드는 곳에서 꽃을 피우며 살아가는데, 숲이 너무 우거지다 보니 자연적으로 도태되는 경우도 있습니다. 쓸모가 많고 특별하면 어려움이 많은 건 식물이나 사람이나 마찬가지인가 봐요.

　산에 있는 식물은 그대로 보전하고, 이 아름다운 꽃을 마당 한편에 심어 가꾸기를 권합니다. 꽃구경을 즐기기에도 좋고, 잎을 말려 다갈색 약차나 약주로 멋진 변신을 합니다.

삼지구엽초 Berberidaceae (매자나무과) *Epimedium koreanum* Nakai

우윳빛 꽃잎이 매력적인
연영초

숲속의 꽃들에게 매번 마음을 빼앗기고 헤어 나오지 못하는 이유는 무엇보다도 꽃 하나하나의 모습과 빛깔, 생태가 그 어느 하나도 예측되는 것이 없고 식상한 모습을 찾을 수 없기 때문이 아닐까 합니다. 삼지구엽초도 그랬지만 연영초도 특별하기로는 정말 남다른 식물입니다. 3장의 우윳빛 꽃잎은 화려하지도 그렇다고 다른 그 어떤 빛깔에 기죽지도 않는 그런 꽃잎들이지요. 꽃잎들을 잘 받쳐 주듯 그 사이마다 3장의 꽃받침이 달립니다. 그리고 조금 밑에 아주 큼지막하고 독특한 3장의 잎사귀가 그 꽃송이를 다시 받쳐 주고, 그 아래엔 손에 쥐기 적절한 모양의 줄기가 땅 위에서 쭉 올라와 있지요.

가장 소중한 사람에게 깊은 숲속의 정갈한 연영초 한 송이를 그대로 뚝 잘라 건네 주고 싶을 만큼 특별합니다. 하지만 절대로 그럴 수 없습니다. 이 생명에 영혼이 깃들어 있을 것 같아 지켜 주고 싶은 심정적인 이유와 희귀한 식물이기에 보존해야 하는 법적인 이유가 있으니까요. 하지만 봄날 연영초를 만나기 위한 산행은 권하고 싶어요. '연영초延齡草'란 이름은 '나이를 연장해 주는 풀'이라는 뜻을 담고 있는데, 약효 때문에 붙인 이름이겠지만 독성이 있는 식물이므로 함부로 먹으면 안 됩니다. 우리는 그저 건강하게 산에 올라 이 꽃을 만난 기쁨과 은은하지만 좋은 향기를 함께 느끼며 오래도록 건강하면 좋을 듯 합니다.

연영초 Liliaceae (백합과) *Trillium kamtschaticum* Pall. *ex* Pursh

고운 꽃 모양과 독특한 색을 지닌
매발톱꽃

가장 예쁜 매의 발톱, 당연히 매발톱꽃입니다. 사실 더욱 작고 노란 꽃송이들이 귀여운 매발톱나무도 있답니다. 이 나무는 그나마 무서운 가시라도 가졌지만, 매발톱꽃은 그저 예쁘기만 합니다. 그런데 왜 그런 이름이 붙었냐고요? 꽃잎 끝의 일부가 구부러져 꿀을 담고 있는데 그 모습이 먹이를 잡은 매의 발톱 같다나요? 하지만 제 눈에는 그 모습이 무섭기는커녕 특별하고도 아름다울 뿐입니다.

매발톱꽃은 우리나라 전국의 산, 특히 계류 근처에 많이 자라는 여러해살이풀입니다. 이른 봄에 야들거리고 동글거리는 새잎이 나오고 늦은 봄엔 줄기 끝에 고개 숙여 꽃이 달립니다. 꽃은 크기도 갓난아이 주먹만큼 크려니와 꽃 색도 보랏빛과 노란빛이 어울려 아무도 흉내 낼 수 없는 독특한 모양과 색깔을 가집니다. 매발톱꽃은 미나리아재비과에 속합니다. 이 과의 식물들이 의례 그러하듯이 고운 꽃 모양을 하고 있으면서도 독성을 띠어 자신의 방패로 삼고 있지요. 장미의 가시처럼요.

정원이 있다면 가장 먼저 심고 싶은 꽃 중에 하나입니다. 산행 길에서 우연히 만난 매발톱꽃에 반하고, 여름이 지나갈 즈음 한 번 더 산에 올라 씨앗을 얻고, 좋은 흙을 만들고 적절한 나무 그늘 아래 심어 싹 틔우고 꽃피우면 한 해, 아니 남은 생이 행복할 듯 합니다.

매발톱꽃 Ranunculaceae (미나리아재비과) *Aquilegia buergeriana* var. *oxysepala* (Trautv. & Meyer) Kitam.

아름다운 주머니를 닮은 꽃
금낭화

우리 꽃이 좋아 산과 들을 헤매는 분들이 많습니다. 모두 다 들꽃과 헤어날 수 없는 사랑에 빠진 것이지요. 야생의 꽃에 눈길과 마음을 주노라면 그 순간만큼은 세상에서 가장 행복한 사람이 되지요. 들꽃 사랑에 빠진 분들께 첫사랑을 꼽으라면 아마도 금낭화가 가장 많지 않을까 합니다.

수줍은 듯한 진분홍빛 꽃송이는 휘어진 줄기에 조랑조랑 매어 달립니다. 끝이 양 갈래로 갈라져 살짝 올라간 하트형의 꽃잎 사이로 시계추가 매어 달린 듯 희고도 붉은 또 다른 꽃잎이 늘어져 나옵니다. 그 꽃잎이 아침 햇살에 투명하게 드러나고 그 끝으로 맑디 맑은 이슬이라도 달린다면 아름다운 모습이 말 그대로 천상의 모습입니다. 그래서 금낭화 앞에 앉아 이리 보고 저리 보고, 이 모습 저 모습 사진도 찍으며 그렇게 사랑을 키워 가게 됩니다.

'금낭화'란 이름은 '아름다운 주머니를 닮은 꽃'이란 뜻입니다. 이외에도 모란처럼 아름다운 꽃이 피지만 등처럼 휘어져 '등모란' 또는 '덩굴모란'이라고 합니다. 어찌 보면 여인들이 치마 속에 넣어 다니던 주머니를 닮은 꽃 모양 때문에 '며느리주머니'라고도 하지요. 정말 그렇게 평생 주머니에 넣어 둘 수 있다면 행복할 것 같습니다.

금낭화 Papaveraceae (양귀비과) *Dicentra spectabilis* (L.) Lem.

정다움이 먼저 떠오르는 꽃
애기똥풀

꽃 중에는 아름다움이 먼저인 꽃도 있고, 희귀함이 먼저인 꽃도 있으며, 고귀함이 돋보이는 꽃도 있지요. 애기똥풀은 정다움이 먼저 떠오르는 꽃이랍니다. 그래서 새록새록 사랑스럽지요. 밝디 밝은 모습의 노란 꽃이 귀엽고, 새로 나는 잎의 연둣빛이 참으로 고우며, 장소를 특별히 가리지 않아 마음을 열어 눈을 돌리면 언제나 볼 수 있고, 또 의연히 자라는 모습이 대견합니다. 봄꽃이려니 싶지만, 끊임없이 꽃이 피고 지고를 계속하는 끈질긴 모습까지 보노라면 어느새 감탄스럽습니다. 너무도 연약해 보이는 줄기도 여러 개의 가지를 만들고, 당장이라도 쓰러질 듯싶으면서도 버티어 자라는 모습은 어렵게 살면서도 밝고 맑은 민초들의 삶을 생각나게 합니다.

'애기똥풀'이란 이름이 붙은 이유는 줄기를 자르면 아기 똥 같은 노란색의 유액이 나오기 때문입니다. '애기'가 앞에 붙긴 했지만 이렇게 고운 꽃에 하필이면 '똥풀'이냐고 불평이 있긴 합니다. 그렇지만 이 이름을 두고서도 결코 거부감을 느끼지 않는 것은 엄마이기 때문 아닐까요? 덤으로 반전 정보 하나를 추가하면 이 노란색 액체를 물에 풀어 발을 담그면 무좀 치료에 효과가 있다고 합니다.

애기똥풀 Papaveraceae (양귀비과) *Chelidonium majus* var. *asiaticum* (Hara) Ohwi

함께 있어 외롭지 않은 특별한 홀아비
홀아비꽃대

들꽃엔 장난스러운 이름의 꽃이 여럿 있습니다. 홀아비꽃대도 그런 봄꽃의 하나이지요. '홀아비'란 특별한 단어를 이름 앞에 붙인 식물 중에는 '홀아비바람꽃'도 있는데, 이 두 식물은 꽃대가 외롭고 쓸쓸하게 하나씩 올라온다는 점과 봄을 상징하는 흰색의 꽃을 가진다는 점, 그리고 그리 크지 않은 모습에 아주 고운 모양새를 하고 있다는 점이 모두 같지만 생김새만은 많이 다릅니다.

우선 홀아비꽃대는 홀아비꽃대과에 속하는 여러해살이풀입니다. 같은 집안에 속한 '꽃대'라는 식물은 2개의 대가 올라오지만 홀아비꽃대는 하나씩 올라오지요. 숲이 무성하여 녹색이 우거지기 전이라면 꽃대를 소중하니 잎새에 쌓아 쑥쑥 올라오는 이 꽃을 만날 수 있습니다. 봄 햇살을 받아 점차 잎새를 사방으로 펼쳐 내고 이내 특별한 자태가 나타납니다. 4장의 잎이 꽃대를 받쳐 돌려나고 꽃들이 피어나지요.

그런데 따지고 보면 진실은 조금 다릅니다. 꽃대에 꽃이 하나씩 피는 것이 아니라 하나의 꽃대에 매우 많은 꽃들이 함께 달린 것이고, 더욱이 이 식물은 대부분 한 포기가 아닌 여러 포기가 함께 살아갑니다. 결코 홀로 외로운 존재가 아니라 작아도 함께 올망졸망 살아가는 행복한 꽃이랍니다.

홀아비꽃대 Chloranthaceae (홀아비꽃대과) *Chloranthus japonicus* Siebold

6월
세상에서 가장 진화한,
그리고 가장 아름다운 난초들의 세상

신록이 녹음으로 변하는 시기, 1년 가운데 가장 생명력이 왕성한 초록의 세상, 한여름의 무더위 전이라 너무 지나치지 않으며 모든 것이 싱그럽고 충만하기만 한 6월입니다. 그럼에도 이즈음엔 봄꽃들은 사라지고, 진짜 여름꽃들은 아직 때에 이르지 않아 막상 피어난 꽃들을 헤아리기가 쉽지 않습니다. 그래서 가장 깊이 만날 수 있는 꽃, 난초의 꽃들을 이야기해 볼까 합니다.

가장 진화된 식물의 집안이 난초랍니다. 진화의 방향이야 환경에 적응하는 방식에 따라 복잡해질 수도 단순화될 수도 있지만, 난초과 식물이 진화된 식물이라는 것에는 학자들 사이에 아무런 이견이 없습니다. 세상의 그 많은 꽃 가운데 가장 진화되었다니, 얼마나 영리하게 살아가고 있는지 한번 엿볼 만하지요.

'난초'라고 부를 수 있는 식물은 많지만 그냥 '난초'가 이름인 식물은 없습니다. 난초는 '난초과'라는 큰 집안의 이름을 부르는 말이고, 가장 진화되었다는 집안답게 알고 보면 정말 다양한 꽃과 다양한 잎을 가진 난초 세상이 존재합니다. 우리들은 흔히 동양란과 서양란으로 구분하고, 동양란은 동양화에서 볼 수 있는 쭉 뻗어 선이 아름다운 가는 잎새와 은은한 꽃 빛과 향기를 가졌다고

습지에 사는 해오라비난초. 새 한 마리가 날고 있는 듯합니다.

생각하지요. 이 땅에 자생하는 이런 난초 중에는 우리가 흔히 '춘란春蘭'이라고 부르는 '보춘화報春花'가 있고, 한겨울에 꽃을 피우며 품격이 고고한 '한란寒蘭'이 있습니다. 화려하기 이를 데 없는 서양의 난초(양란)도 있는데 대부분 열대 지방의 난초이거나 꽃을 보기 위해 육종된 품종이 많습니다.

하지만 우리 땅에는 우리가 동양란, 서양란으로 구분하여 생각하는 꽃들의 범주보다 훨씬 고운 난초 집안 식구들이 많이 있지요. 자갈색의 꽃 색이 아주 오묘하고 아름다운 '새우난초', 꽃 모양은 같아도 꽃 색이 샛노랗고 화사한 '금새우난초', 한 마리의 흰 새가 초원을 날아가는 듯한 '해오라비난초', 아래 꽃잎이 주머니처럼 둥글어서 이름 붙여진 '복주머니란'까지요.

전혀 다른 모습의 꽃을 갖고 있는데 어찌 모두 난초 집안인지 궁금할 것입니다. 난초 집안 식물들의 특징을 보면 잎은 넓기도 하고 좁기도 하며, 밑에 모여 달리거나 줄기에 차례로 달리거나, 혹은 부채처럼 펼쳐 달리기도 하지만 모두 나란히맥을 가지고 있습니다. 꽃을 보면 난초 집안 식물은 모두 좌우가 똑같습니다. 대신 상하는 다르지요. 또 가운데 아래쪽에는 '순판脣瓣'이라는 꽃잎이, 뒷면에는 길쭉한 꽃주머니가 있는 것도 공통점이지요. 하지만 기본 구성은 이처럼 비슷해도 각기 다른 색과 모양의 조합으로 얼마나 다른 모습들을 만들어 내는지, 알면 알수록 놀라울 뿐입니다.

난초들이 살아가는 세상을 엿보면 더욱 놀랍습니다. 이런 난초과 식물들이 특별한 모습으로 곤충을 유혹하고 심지어 속임수까지 쓰면서 살아가는 것을 보면 지극히 이기적이라는 생각이 들기도 합니다. 글쎄요, 그러한 특별함으로 사람들의 사랑을 지나치게

금난초	은대난초	보춘화
나도제비란	털복주머니란	새우난초
손바닥난초	금새우난초	콩짜개란

받고, 그래서 훼손의 위기에 처해 있으니 더욱 난초가 진화된다면 수수함과 평범함으로 전략을 바꿀까요?

대부분의 식물은 달콤한 꿀과 꽃가루를 만들어 곤충을 부르는데 난초는 절반 정도만 이 방식을 채택합니다. 어떤 난초는 특별한 향기로 곤충을 유인하고, 심지어 꿀과 꽃가루가 없으면서도 꿀과 꽃가루가 있는 다른 난초와 똑같은 모양을 하고는 순진한 곤충들이 날아와 꽃을 찾아 헤맬 때 꽃가루받이를 이루어 내기도 합니다. 더욱 지능적인 속임수도 있습니다. 꽃잎 모양을 암벌의 모습과 아주 비슷하게 만들어서 어리숙한 수벌이 찾아오게 하는 난초가 있습니다. 더욱 교활한 것은 꽃잎의 생김새는 물론 촉감, 심지어 향기까지도 암벌의 체취를 모방한다고 합니다. 물론 이 정도로 심하게 영리한 난초는 우리 땅의 수수한 난초 중에서는 아직 확인되지 않았지만요.

난초과 식물들이 가진 다른 전략 중에는 꽃가루를 미세한 가루 대신 끈끈한 덩어리로 만들어 곤충에 들러붙게 하는 것이 있습니다. 이렇게 하면 꽃가루가 바람에 흩날리지 않아 중간에 손실되지 않고, 다른 꽃의 암술머리에 안전하게 얹혀지면 한 씨방에서 씨앗이 될 수 있는 밑씨 대부분이 꽃가루를 만나서 그만큼 많은 씨앗이 만들어집니다. 이렇게 만들어지는 난초의 씨앗들은 때론 수백만 개가 되기도 하지요. 간혹 난초의 열매 꼬투리를 터트리면 마치 먼지처럼 작고 수많은 씨앗이 흩어져 퍼지는 것도 다 이런 과정을 통해서 이루어지는 것이지요.

이렇게 정말 오묘한 난초들의 세상을 있는 그대로 들여다보고, 있는 그대로 사랑하고, 있는 자리에서 오래도록 살아갈 수 있게 보전하면 좋을 것을, 사람들의 난초 사랑은 좀 이상하고 유난한 방향으로 흘러갑니다. 춘란, 즉 보춘화만 보더라도 그렇습니다. 자연의 입장에서 보면 자연은 다양성을 인정하고 다양한 것을 품어 안는 것이 자연스러운데, 사람들은 정상적인 범주에서 벗어난 극단적인 것을 좋아합니다. 변이를 찾는 것이지요. 잎에 노란 줄무늬가 있는 것, 줄무늬도 가장자리에만 있는 것, 끝에만 있는 것, 중간에 무늬처럼 있는 것, 꽃잎에 있어야 할 붉은 얼룩이 보이지 않는 것 등 따지고 보면 비정상적인 것인데 드물기 때문에 희소성이 있다 생각하고 그래서 값도 올라갑니다. 이러한 난초를 찾는 사람들 때문에 자생지의 난초들이 통째로 수난을 당하는 현실이 오늘의 우리 모습입니다.

우리의 난초 사랑은 바뀌어야 합니다. 첫째, '귀한 것을 찾지 말자.' 둘째, '숲에선 있는 그대로 보기만 하자.' 셋째, '곁에 두고 키우고 싶다면 증식해 만든 난을 골라서 사자.' 그래야 진짜 난초를 사랑한다고 말할 수 있습니다.

아름다움의 기준이야 제각기 다르지만 세상 꽃들의 모든 아름다움을 여러 모습으로 담고 있는 것이 난초라고 해도 틀리지 않습니다. 값비싼 난초들의 비정상적인 변이가 아닌 자연 속에 살아가는 우리 난초들의 진정한 아름다움을 볼 수 있는 것은 눈이 아니라 마음입니다. 마음으로 아름다움을 느끼는 것이 진짜 난초에 걸맞은 고품격 취향이 아닐까요?

주름진 잎새가 먼저 반기는
감자난초

  난초과에 속한 식물을 그냥 '난초'라고들 부르지요. 꽃 가게에서 파는 화려한 서양란이나 값비싼 동양란의 변이종이 아니더라도 이 땅에서 피고 지는 야생의 난초가 많이 있답니다. 하나같이 개성 넘치고, 작아도 꽃을 들여다보면 기기묘묘 독특하기 이를 데 없답니다. 곁에 두기에 어려울 만큼 까다로운 꽃들도 지천이지요.

  감자난초는 깊은 산에서 자라는 절대 흔치 않은 난초이지만 그래도 자라는 곳을 크게 가리지 않아 봄 숲의 숲길을 걷다 그 가장자리 즈음에서 더러 만날 수 있는, 아주 반가운 우리의 야생 난초 중 하나입니다. 꽃대를 30센티미터쯤 올리고 진노란색 화피에 점박이 흰색 순판이 어우러진 작은 꽃송이들이 줄줄이 피어오르면 참 곱다는 생각이 절로 듭니다. '감자난초'란 이름은 여릿한 모습엔 어울리지 않는다 싶기도 한데 땅속의 둥근 뿌리가 감자를 닮았기 때문이랍니다.

  감자난초에게 특별한 점이 하나 있는데, 꽃이 피고 나면 금세 잎이 시들어 버려 쉬고 있다가 가을이 시작될 즈음 새 눈에서 새 잎을 내어 겨울을 난다는 것입니다. 그리고 보면 감자난초가 봄 숲에서 눈에 잘 들어왔던 데에는 꽃을 보기에 앞서 초록으로 기다리던, 댓잎을 닮았으나 주름진 잎새가 있어서겠지요.

감자난초 Orchidaceae (난초과) *Oreorchis patens* (Lindl.) Lindl.

타래처럼 얽힌 분홍빛 꽃송이
타래난초

실이 타래로 얽혀 있으면 무엇인가 만들고 싶어집니다. 일이 타래처럼 얽혀 있으면 복잡하고 어려워지고요. 하지만 꽃이 타래처럼 얽혀 있으면 참 아름답고 신기합니다. 줄기가 실타래를 꼬듯 되어 있어 이름도 그리 붙은 식물에는 '타래난초', '타래붓꽃'이 있습니다. 그중에서도 타래난초는 꽃이 달린 줄기까지 꼬이고, 그 꼬인 자루를 따라 나사를 돌리듯 그렇게 꽃들도 돌려나서 참 예쁘고 신기합니다.

타래난초가 좋은 또 하나의 이유는 사람의 눈길을 피해 심심산골에 꼭꼭 숨어 사는 거리감 있는 난초가 아니라, 우리가 살고 있는 근처의 야트막한 산이나 둔덕, 심지어는 자연공원의 풀밭 속에서도 불쑥불쑥 만나지는 꽃이기 때문입니다. 하늘이 열린 풀밭에서 사니 길쭉길쭉한 잎 모양이 여느 풀잎과 다르지 않아 타래난초를 구분해 내기가 어렵습니다. 그렇지만 여름이 시작되려는 어느 날, 쑥 하니 꽃대를 올리고 나사 모양으로 감고 올라가면서 흰빛과 분홍빛이 적절히 어우러진 꽃송이들을 꽃대에 차례로 매달아 갑니다. 이런 모습에는 개성 있는 아름다움에 영리함도 보태고 있는데, 타래난초를 찾아드는 작은 곤충들이 보다 쉽게 들어와 자신의 꽃가루받이를 돕도록 하기 위함이랍니다.

타래난초 Orchidaceae (난초과) *Spiranthes sinensis* (Pers.) Ames

다시 살아난, 항아리처럼 동그란 꽃잎을 품은
광릉요강꽃

아직도 잊지 못합니다. 전라북도의 아주아주 깊고 큰 자락에서 처음 광릉요강꽃 무리를 만났을 때의 감격을요. 참 오랫동안 찾아 헤매었던 꽃입니다. 광릉요강꽃은 제가 일했던 광릉숲에서 처음 발견되어 이름이 붙여졌습니다. 꽃의 모양을 잘 살펴보면 가장 아래쪽에 있는 '순판'이라는 꽃잎이 주머니처럼, 혹은 항아리처럼 동그랗게 되어 있는데, 옛 어른들은 그 모습을 보고 재미나게도 '요강'이라는 이름을 붙여 주었습니다.

그런데 귀하고 유명하다 보니 사람들이 탐내게 되었고, 하나둘 캐어 내어 자생지에서 사라져 버렸지요. 보았다는 소식을 듣고 찾아가면 이미 사라지고, 다시 또 다른 곳의 소식을 들으면 이미 손을 타서 사라져 버렸던 그런 꽃이랍니다. 어렵게 한두 포기 찾아도 꽃을 피우지 못한 아직은 어린 개체이다 보니 한때는 이 꽃이 신기루처럼 느껴져 정말 이 땅에 광릉요강꽃이 제대로 살고 있는 것인가를 의심하기도 했답니다.

열심히 찾다 보니 다행히 국토의 숨은 곳곳에서 자생지가 발견되었고, 오랜 조사와 연구 끝에 이 꽃이 사라졌던 광릉숲에 '광릉요강꽃 계곡'을 마련하여 생존에 위협 없이 이 땅에서 살 수 있도록 했으니 식물과 함께 지내 온 세월 중에 가장 보람된 일의 하나입니다.

광릉요강꽃 Orchidaceae (난초과) *Cypripedium japonicum* Thunb.

자연이 만들어 낸 곱디고운 꽃 빛

자란

　말 그대로 자줏빛이 나는 야생의 난초입니다. 자란을 볼 때마다 얼마나 반갑고 좋은지 모른답니다. 우리의 야생 난초 이야기를 하자면 저마다 희귀하고 그래서 훼손이 많이 되어 걱정이 많은데, 자란은 좀 다르기 때문입니다. 자생지인 전라남도의 섬 지방과 제주도에선 아주 희귀한 야생의 우리 난초여서 희귀 식물 등급에서 취약종에 포함되는데, 사람들이 자란을 많이 증식하고 키워 놓아서 구태여 자생지의 난초들을 욕심내지 않아도 될 만큼 흔해졌습니다. 희귀한 난초치고는 그닥 까다롭지 않아서 심어 놓으면 잘 크고 잘 번지며, 꽃도 잘 피우고 피어나는 꽃도 아주 예쁘지요. 그래서 식물원이나 수목원의 정원 한편에서 한 무더기씩 크고 있는 자란을 어렵지 않게 만나곤 합니다. 희귀한 식물이 살아가는 자생지는 그대로 보전하고, 곁에 두고 키우고 싶으면 증식된 포기를 구입하여 심는 게 꽃 사랑의 시작입니다.

　꽃 색이 자주색이라고는 하지만 자줏빛이 들어간 진분홍색이라고 할까요? 하여튼 자연이 아니고서는 만들고 표현하기 어려운 아주 고운 색이랍니다. 간혹 흰색 꽃이 피는 자란도 있어요(그럼 자란이 아닌가?). 그래서 흰색 꽃과 자주색 꽃이 어우러져 피어 있으면 더욱 아름다운 공간이 되지요.

자란 Orchidaceae (난초과) *Bletilla striata* (Thunb.) Rchb.f.

작디작은 꽃도 사는 곳도 특별한

풍선난초

식물을 오랫동안 공부하면 꼭 보고 싶은 식물이 나타납니다. 꼭 가 보고 싶은 곳들도 생기지요. 가장 가 보고 싶은 곳에 사는, 가장 보고 싶은 식물 중 하나가 백두산 자락에서 자라고 있는 풍선난초입니다. 맨 처음 백두산에 갔을 때 항상 도감에서 그림으로만 보았던 그리운 식물들과의 만남은 잊지 못할 평생의 감동적인 장면 중 하나이지요. 하지만 풍선난초는 그때도 만나지 못했던 꽃입니다. 보통 백두산은 대부분의 꽃이 피는 한여름에 찾기 마련인데, 풍선난초는 이보다 조금 이른 때에 꽃을 피우고 더욱이 잘 커야 손가락 하나 길이를 넘을 듯 작기 때문에 만날 수 있는 행운이 제게는 아직 오지 않은 모양입니다. 말하자면 평생을 두고 한 번은 보고 싶은 식물편 버킷리스트에 들어가 있는 식물입니다.

풍선난초는 꽃잎 중 아래쪽에 있는 순판이 풍선 같다고 하여 붙여진 이름입니다. 이 부분이 주걱처럼 느껴졌던지 '주걱난초', 숟가락처럼 느껴졌던지 '애기숙갈난초', '포대난布袋蘭'이라고도 하고요.

풍선난초의 작은 꽃을 한번 들여다보세요. 꽃 한 송이만 들여다보아도 꽃잎 하나하나 어찌 그리 개성이 넘치는지. 사실 백두산에 자라는 종류는 '애기풍선란'이라고 해야 한다는 견해도 있습니다. 중요한 건 학명으로 판단하는 종의 실체이니 후배 식물분류학자들의 검토를 기다립니다.

풍선난초 Orchidaceae (난초과) *Calypso bulbosa* (L.) Oakes

자생지에서는 만나고 싶어도 만날 수 없는
나도풍란

너무 사랑하여 사라진 꽃들이 있다면 그중에 하나가 나도풍란입니다. 왜곡된 난초 사랑으로 귀한 야생의 난초들이 사라지고 있는데 한란은 몇 겹의 철책으로 자생지를 지켜 냈고, 풍란은 비교적 최근까지 남쪽 한 섬에서 확인되었던 자생지가 결국 훼손을 당하였습니다.

전라남도의 섬이나 바닷가 절벽의 암벽, 나무껍질에 붙어 살아야 할 이 나도풍란의 자생지는 적어도 지금은 확인되지 않아 이땅에서 멸절되었다고 생각됩니다. 몸에 로프를 메고 절벽을 타고 내려가 나도풍란을 찾았다는 난초꾼들의 무용담이 더러 들리지만, 수소문하여 찾아보면 모두 오래전의 경험일 뿐입니다. 야생의 나도풍란은 이들의 손에서 캐내어져 돈과 탐욕만이 가득한 사람들에게로 사라져 간 것이지요.

물론 꽃 시장에서 살 수 있습니다. 이곳에서는 풍란과 비교히여 잎이 넓다고 하여 '대엽풍란'이라 부르는데, 모두 조직 배양을 통해 증식된 개체들이지요. 고향이 어디인지조차 알 수 없는 복제품들입니다. 그러던 차에 제주 비자림에서 살던 나도풍란을 가져와 수십 년 키운 것을 DNA 분석으로 토종임을 확인하고 증식하여 자생지에 복원하는 멋진 일이 이루어졌습니다. 기술이 진정성과 만나 나도풍란의 아름답고 의미 있는 꽃을 피운 것입니다.

나도풍란 Orchidaceae (난초과) *Phalaenopsis japonica* (Rchb.f.) Kocyan & Schuit.

버려진 습지에 분홍빛 생기를 불어넣는
큰방울새란

　산지의 습지는 아주 독특한 생태를 만들어 냅니다. 야트막하고 건조하여 도대체 다양한 식물을 구경하기 어려운 밋밋한 산에도 습지가 있으면 이내 재미난 생태적 공간으로 변모하게 되지요. 더러 산에서 습지를 만납니다. 예전엔 지하수면이 높은 산지의 습원은 물이 나서 나무를 심을 수 없는 버려진 공간이 되거나 빈한한 이들이 다랑논을 만들어 벼를 심던 곳이었지만, 이젠 독특하고 다양한 식물이 살아가는 생물 다양성이 높은 곳으로 관심을 모읍니다. 방울새란은 바로 그런 곳에 삽니다.

　방울새란과 큰방울새란은 모습이 아주 비슷한데 큰방울새란이 조금씩 큽니다. 결정적으로 큰방울새란은 꽃이 피면 꽃잎과 꽃받침이 다 벌어지지만, 방울새란은 꽃이 피다만 것 같은 상태가 만개한 것이랍니다.

　큰방울새란은 물을 좋아하여 습지에 사는데, 추위에 아주 강해서 전국의 어느 산에서나 만날 수 있다는 장점이 있습니다. 조밀하게 뭉쳐 살진 않아도 하나씩 하나씩 꽃대를 올린 포기들이 듬성듬성, 그러나 전체적으로는 무리 지어 살며 꽃을 피워 내는 모습을 보면서 옛사람들은 방울새가 입을 벌려 낭랑하게 우는 것처럼 느꼈던가 봅니다.

큰방울새란 Orchidaceae (난초과) *Pogonia japonica* Rchb.f.

수십 송이 작은 꽃과 주름진 잎새의 조화
주름제비란

우리나라에서 유일하게 울릉도가 자생지인 식물은 울릉도에 처음 가서 보더라도 바로 알아볼 수 있답니다. 거꾸로 이야기하면 울릉도를 가지 않고는 볼 수 없는 식물이기도 합니다. 주름제비란도 울릉도에 가야 잘 볼 수 있습니다. 태백산에 산다고도 하고 북부 지방에도 분포한다지만 대부분 기록뿐이고, 오뉴월에 울릉도에 가면 확실히 만날 수 있습니다. 왜 이렇게 만날 수 있다고 큰소리를 치는가 하면 키가 아주 커서 보통은 무릎 높이에서 크게는 허벅지까지 자라니, 숲에서 쑥 올라온 꽃대를 스쳐 지나갈 일이 절대 없기 때문입니다.

그런데 가까이에서 보면 꽃 한 송이 한 송이는 작은 편입니다. 하지만 수십 송이의 작은 꽃들이 빽빽하게 모여 달려 전체적으로 커다란 꽃 덩어리를 만들고 있지요. 꽃이 많이 달리기로는 손바닥난초도 만만치 않지만 그래도 주름제비란을 당할 수는 없습니다. 꽃은 흰색에서 연한 분홍색, 그리고 이보다 좀 더 진하게 약간 자줏빛이 나는 것까지 다양하여 이 또한 좋습니다. 그리고 이름에 담겨 있듯이 적절하게 주름진 잎새들이 차례로 줄기에 달려 전체적으로 조화롭게 살아가는 꽃이랍니다. 누군가 이 꽃에 삶의 희노애락이 다 담겨 있다고 말했던 기억이 납니다. 울릉도 섬 살이며, 주름진 잎새, 고운 꽃잎…. 고개가 절로 끄덕여집니다.

　주름제비란 Orchidaceae (난초과) *Gymnadenia camtschatica* (Cham.) Miyabe & Kudo

7월
이 땅에 피어나는
야생의 백합 나리

숲에 여름의 기운이 가득합니다. 시원하게 비가 내린 뒤에는 숲
속이 수분으로 꽉 채워져 더욱 싱그럽습니다. 초록 일색인 한여름
숲에 들어가면 녹색을 바탕으로 주홍색 나리꽃들이 눈에 선명하
게 들어옵니다. 하늘말나리와 털중나리 같은 이런저런 나리 집안
식구들이요. 하긴 마을 입구에 있던 집의 작은 마당에도 한창 참
나리가 피기 시작합니다. 여름인 것입니다.

사람들에게 좋아하는 꽃을 물으면 '백합'이라고 하는 이가 많습
니다. 순결을 상징하는 흰색의 꽃송이와 주체할 수 없을 만큼 진
한 향기에 매료되었던 시절이 제게도 있었지요. 한창 사춘기이던
시절에는 백합 향기가 가득 한 밀폐된 공간에서 죽을 거라는, 낭
만인지 호러인지 알 수 없는 소녀적 상상을 한 기억도 납니다.

하지만 우리가 말하는 그 백합은 자연에서 자라는 야생의 꽃
이 아니라 사람들이 꽃을 크게, 혹은 향기를 진하게 하려고 육종
한 원예 품종의 하나입니다. 그리고 백합은 꽃이 흰색이어서 백합
白合이 아니라 땅속에 있는 하얀 비늘줄기(양파를 생각하면 쉽습니다)
100개가 모여 있다 하여 백합百合입니다. 영어로는 릴리Lily, 학명
으로 말하면 릴리움속Lilium에 해당하는 식물입니다.

참나리 꽃이 활짝 피면 나비들도 찾아듭니다. 줄기에 있는 까만 구슬은 '주아'라고 합니다.

하늘말나리	땅나리
솔나리	털중나리

우리나라에는 참으로 다양한 야생 백합, 즉 나리꽃들이 자라고 있습니다. 그러나 막상 식물도감의 색인을 뒤적여 보면 나리꽃이 나오지 않습니다. 대신 참나리와 하늘나리, 말나리, 땅나리, 섬말나리, 솔나리 등 '나리'라는 글자를 꽁무니에 단 깜짝 놀랄 만큼 다양한 나리가 등장하고 있지요.

앞서 배운 집안 알기와 이름 붙이기를 나리 집안 식물에 적용해 각각의 나리들을 알아볼까요? 나리 집안은 우선 꽃이 아름답습니다. 꽃잎은 6장인데 서로 대칭입니다. 꽃잎 사이로 쑥 나온 수술엔 가로로 긴 꽃밥이 달려서 T자 모양을 하고 있지요. 잎에 세로로 나란한 나란히맥을 가진 것도 앞에서 보았던 다른 식물들과 차이가 납니다.

한눈에 나리 집안이라는 것을 알아보았다면 키가 가장 크고, 꽃도 크며, 꽃잎에 진한 갈색 점이 박혀 있고, 게다가 땅속의 비늘줄기는 영양 간식으로 먹을 수도 있는 나리 중의 진짜 나리는 '참나리'입니다. 꽃이 하늘을 보고 피는 나리는 '하늘나리', 땅을 보고 피면 '땅나리', 중간을 보고 있는 나리는 '중나리', 중간을 보고 있으며 털이 있는 것은 '털중나리', 잎이 줄기 중간에서 돌려나는 나리는 '말나리', 잎이 돌려나면서 꽃은 하늘을 보고 있으면 '하늘말나리', 울릉도 섬에서 자라는 나리는 '섬말나리', 잎이 솔잎처럼 가늘면 '솔나리'라고 합니다. 어때요? 이렇게 살펴보니 식물에 대한 지식이 쑥쑥 늘어나는 것 같고, 또 식물 알기가 지루하지 않죠? 물론 식물학적으로 종을 분류하는 중요한 식별 키들이 따로 존재하지만 즐겁자고 식물을 보는 것이니 쉽게 풀어낸 것입니다.

그런데 생각해 보면 우리나라에 이렇게 다양한 야생의 백합, 나리들이 살고 있는데 대부분 백합은 알고 좋아하면서 우리 나리꽃들은 잘 알지 못하고 의미 있게 보지도 않는다는 것은 좀 고민해 볼 일입니다. 알고 보면 백합을 비롯하여 우리가 알고 있는 모든 정원이나 화원의 꽃은 다 야생에서 나왔습니다. 야생의 다양하고 풍부한 유전자 풀을 활용하여 좀 더 화려한 꽃, 혹은 추위에 강한 꽃, 오래가는 꽃 등 사람들의 목적과 기호에 따라 필요로 하는 상품으로 만들어 내는 것이지요. 그리고 그러한 상품들은 나라의 경제력을 높이는 데 큰 역할을 하게 됩니다.

가장 아쉬운 것은 우리는 그동안 우리의 야생 나리를 가지고 우리의 백합 품종을 만들어 수출하기보다는 로열티를 물어 가며 외국에서 만든 백합 품종을 들여와 사랑하고 있다는 점입니다. 또 아주 놀라운 것은 유럽의 유명한 백합 연구소에 가 보면 전 세계의 야생 백합과 우리 나리 집안 식구들을 수집해 놓고 새로운 품종을 만드는 연구를 많이 하는데, 그곳에서 인기 있는 종류 중에 우리나라 오대산 등지에서만 자라는 희귀 식물이며 구태여 개량을 안 해도 아름다운 '날개하늘나리', 우리나라 울릉도에서만 자라며 줄기 하나에 여러 개의 꽃들이 달려 풍성한 '섬말나리' 등이 포함되어 있다는 점이지요. 그런데 막상 우리들은 백합은 알아도 섬말나리나 날개하늘나리를 모르고 있으니, 이 땅에 자리잡고 살아가는 저 아름다운 나리들에게 미안한 마음이 듭니다.

우리가 잘 알고 있는 화단의 팬지는 제비꽃 집안의 삼색제비꽃을 개량한 것입니다. 울릉도에서 자라는 고추냉이는 와사비의 재료이고요. 투기도 있었다는 튤립은 사람들이 만들어 낸 대단한 작품인 것 같지만 북반구 톈산산맥과 같은 오지에는 깜짝 놀랄만큼 지금의 튤립과 비슷한 야생의 튤립 품종들이 자라고 있답니다.

전 세계가 생물 다양성의 해를 지정하고, 국제 협약을 만들어 회의를 하고 정책에 반영하며 노력하는 것도 결국은 인류의 미래가 이 식물들이 가지는 무궁한 유전자원의 가능성에 달려 있기 때문입니다.

물론 우리는 우리의 숲에서 제때제때 피어나는 꽃들을 알아보고 사랑하는 일부터 시작하면 됩니다. 지금 7월에 피는 꽃이요? 꿀풀, 꿩의다리, 딱지꽃, 복주머니란, 쥐오줌풀, 솔나물, 산마늘, 곰취, 곤달비 등 아주 많지요.

'산마늘'은 강원도나 울릉도에서는 목숨 명命 자를 써서 '명이', 혹은 '멩이'라고 부른다지요. 정말로 헐벗고 가난한 시절, 봄이 돌아와 가장 어려운 시기가 되면 산마늘 잎을 먹고 기운을 내서 목숨을 살렸다 하여 붙여진 별명입니다. 마늘과 부추, 양파 같은 몸에 좋고 힘이 나게 하는 식물들이 모두 산마늘과 한집안 식구이고, 더욱이 깊은 산골짜기에서 야생으로 자라니 좋지 않을 리 없지요. 요즈음엔 산마늘로 만든 장아찌가 아주 인기가 높지요. 작은 마당이 있으면 나무 아래 반쯤 그늘이 지는 곳에 산마늘 몇 포기를 심고 싶습니다. 겹겹이 올라오는 손바닥만 한 잎새들 사이로 탁구공처럼 동그랗게 달려 피는 꽃 구경도 좋고, 향긋한 산마늘의 맛구경도 좋고요.

봄에 나물로 산채로 맛있게 먹는 '곰취'나 '곤달비'도 한여름에 꽃이 핍니다. 어린잎으로만 알았던 이 식물들에게 얼마나 고운 꽃이 피는지 알고 나면 놀라실 거예요. 꽃도 잎도 함께 즐기고 싶고 눈도 행복하고 싶은 식물들이 우리 산야엔 얼마든지 있습니다.

그윽한 꿀 향에 코가 즐거워지는
꿀풀

달콤한 풀, 꿀풀. 꿀은 식물이 곤충의 도움으로 꽃가루받이를 효과적으로 하려고 만들어 낸 산물입니다. 우리도 달콤하고 향기로운 꽃들이 좋습니다. 아름답기까지 하면 더욱 좋은데 꿀풀은 거기에 매우 이로운 풀이기도 하니 참 훌륭하다 싶습니다.

한때 경상남도 함양에는 하고초 마을이 있었다고 합니다. '하고초夏枯草'는 피고 지고를 반복하던 꽃들이 다 지면 꽃이 달렸던 꽃차례가 검게 변하며 그대로 죽는 모습이 특별하여 붙여진 꿀풀의 생약 이름입니다. 이 산골 마을에는 날씨를 타는 다랑논이 있었는데 농사가 너무 어려워 벼 대신 꿀풀을 심었고, 여름이면 논마지기마다 보랏빛 융단을 깔아 놓은 듯 아름다운 꿀풀의 무리가 가득하게 피었다고 합니다.

마을 사람들은 꽃에서 꿀을 따고, 줄기는 잘라 약재로 팔았는데, 어느새 꿀풀 밭이 명물이 되어 수없이 많은 사람이 찾았다고 하네요. 느티나무 정자 아래서 보랏빛 꽃송이들을 바라보면 눈이 호강하고, 꽃잎이 떠다니는 농주 한 잔에 입이 호강하고, 그윽한 꿀 향에 코가 즐거우니 그렇게 꿀풀과 행복을 나누었습니다. 하고초 마을은 사라졌지만 그리 먼 길을 떠나지 않아도 이른 여름날 산행길 길목에서 우리를 반기는 꿀풀은 얼마든지 있으니 꽃구경은 마음만 먹으면 됩니다.

꿀풀 Labiatae (꿀풀과) *Prunella vulgaris* subsp. asiatica (Nakai) *H.Hara*

가벼움을 바람에 실어 한반도 끝자락까지 온
분홍바늘꽃

분홍바늘꽃을 떠올리면 기차의 차창 밖으로 끝없이 펼쳐지는 풍광처럼, 이곳저곳 분홍바늘꽃 무리가 만들어 내는 끝없는 장관이 파노라마처럼 펼쳐집니다. 처음 만난 백두산의 길목에서부터 우리나라 식물과 기원을 같이하는 식물을 탐사하려고 떠난 만주와 러시아 아무르, 캄차카로 향하는 그 끝없는 평원 내내 분홍바늘꽃이 이어졌습니다. 분홍바늘꽃은 한반도의 허리쯤을 가장 남쪽 끝으로 하여 북으로 북으로 식물이 살기 어려운 미지의 땅에 가까워지기까지 이어지지요. 대륙의 꽃이며 북방의 식물입니다.

분홍바늘꽃을 보면 국경으로 식물을 나누는 것이 얼마나 우물 안 개구리 같은 이야기인지 느끼게 됩니다. 가장 넓게 퍼져 나가 유럽의 대륙까지 이어진 식물은 그 유명한 소나무도 아니고 제비꽃도 아닌, 바로 분홍바늘꽃입니다. 짧은 봄을 틈타 훌쩍 키를 키워 내고, 더없이 아름다운 분홍의 꽃송이들은 한여름을 향유합니다. 꽃이 지고 나서는 이내 솜털 가득한 씨앗들이 부풀어 터져 오릅니다. 그 가벼움을 바람에 실어 그리 멀리멀리 퍼져 나간 것이겠지요. 때론 우리 삶에도 그 자유로움이 몹시 절실해집니다. 지금도 백두대간 어딘가에 의연하게 자라고 있을 분홍바늘꽃이 그 대륙을 향한 여정의 남쪽 시작점일 것입니다.

분홍바늘꽃 Onagraceae (바늘꽃과) *Epilobium angustifolium* L.

세상의 이야기가 담겨 있는
원추리

원추리의 한자 이름은 '망우초忘憂草'입니다. 근심을 잊을 만큼 꽃이 아름답기 때문이랍니다. 원추리 꽃에 넋을 놓고 잠시라도 복잡한 세상사를 잊어 보고 싶습니다.

원추리의 영어 이름은 '데이릴리Day Lily'입니다. 나리처럼 아름다운 꽃이 피는데 한 송이가 하루만을 살기 때문이라 합니다. 아름다움의 유한함은 동서양이 같은 모양입니다. 물론 한 포기에서 꽃대가 올라와 송이가 달리는데, 피고 지면 옆에서 다시 피고 지기 때문에 우리가 느끼기에 제법 오래 꽃을 보는 듯합니다.

우리의 어른들은 원추리를 먹을거리로 칩니다. 봄에 난 어린 싹은 독성이 없는 아주 좋은 나물이어서 살짝 데쳐 무쳐 먹기도 하고, 국을 끓여 먹기도 하며, 더욱 멋지게 어린순과 꽃을 따서 김치를 담그기도 하고, 꽃을 된장과 함께 쌈을 싸서 먹기도 한다지요. 꽃을 말려 몸에 지니면 아들을 낳는다는 믿음이 있어 '득남초'라는 별명도 있어요. 꽃 한 송이에 세상의 참 많은 이야기가 담겨 있는 듯합니다.

오늘날 우리는 세상의 모든 원추리를 모아 정원에서 즐길 만큼 풍요로워졌습니다. 그래도 지리산 노고단 정상에서 구름을 지고 피어나는 야생 원추리 군락이 제게는 최고입니다.

원추리 Liliaceae (백합과) *Hemerocallis fulva* (L.) L.

울릉도에서 감격스레 만난
섬초롱꽃

 식물에 관심을 가지고 공부한 후, 꼭 가 보고 싶던 곳 중에 하나가 울릉도와 백두산이었습니다. 그곳에 가지 않으면 절대로 볼 수 없는 식물들이 여럿 있기 때문입니다. 백두산은 국경을 넘어야 하니 쉽지 않았고, 대학원 1학기 기말고사를 끝내자마자 후배들과 만든 '야생화 연구회'에서 오매불망 그리던 울릉도로 떠났습니다. 그때 가장 먼저, 가장 감격스럽게 만난 식물이 바로 섬초롱꽃입니다. 도동항에 내려 미처 숲길에 들어서기도 전에 길 언저리에서 나를 반겨 주던 섬초롱꽃. 그때가 이 꽃과의 첫 대면이었으나 저는 한눈에 알아봤습니다. 뭍에서 본 적이 없는데 초롱꽃을 닮은 식물이니 당연히 섬초롱꽃이 아니고 무엇이겠어요?

 그 말고도 '섬말나리'와 '섬백리향', '섬조릿대', '섬단풍'까지 그렇게 '섬'자만 붙이면 되는 신비로운 울릉도 식물들과의 감격적인 만남은 식물 공부를 시작하고 마음에 담은 감동의 장면으로 손꼽힙니다. 1학기 기말고사를 끝내자마자 떠난 길이었으니 이즈음이 이 꽃을 울릉도에서 만날 시기입니다.

 섬초롱꽃은 지구 상에서 우리나라 울릉도에서만 자생하는 특산 식물입니다. 그래서 울릉도와 함께 있는 독도의 아름답고 독특한 자연을 말할 때면 이 꽃도 등장하는데, 일본인 학자가 '다케시마'라고 학명을 붙여 매번 가슴이 아픕니다.

섬초롱꽃 Campanulaceae (초롱꽃과) *Campanula takesimana* Nakai

꽃, 잎, 뿌리가 희어서 불리어진
삼백초

우리나라에서 삼백초의 자생지는 제주도의 한 바닷가가 유일합니다. 기록에 있던 지리산을 비롯하여 여러 곳을 찾아보았으나 허사였고, 제주도 서쪽 한경면 바닷가에서 이런저런 풀들과 섞여 근근이 살아가던 삼백초를 만났습니다. 아직 살아 있음에 반갑기도 하면서도 그 쓸쓸한 모습에 마음이 오래도록 아릿했습니다. 이후에 제주의 수목원과 식물원이 증식하고 도민들이 함께 복원하였으니 이제는 덜 외롭지 않을까 싶습니다.

'삼백초三白草'는 습한 곳에서 자라는 여러해살이풀입니다. 이름 그대로 세 부분이 흰색이랍니다. 하지만 어디가 희어서 삼백초인지에 대해서는 다소 의견이 다른데, 꽃과 위쪽의 잎, 그리고 땅속의 뿌리가 희어서 삼백초라고도 하고, 위쪽에 달리는 잎 3장이 희어 삼백초라는 이야기도 있습니다.

삼백초의 잎은 왜 페인트칠한 듯한 모습을 하고 있을까요? 삼백초를 자세히 보면 꽃잎이 없는 아주 작은 꽃들이 줄줄이 모여달립니다. 그 꽃이 워낙 빈약하여 곤충들의 눈에 띄지 못하니 꽃의 부족함을 채워 주기 위해서 잎이 꽃처럼 변신을 한 것이지요. 그런데 이 잎들은 꽃이 수정되면 점차 흰빛이 연해집니다. 약초로 유명한데 그래서 위협을 받고 있는 식물이지요.

삼백초 Saururaceae (삼백초과) *Saururus chinensis* (Lour.) Baill.

재미나고 특별해 오래도록 기억하고 싶은
뻐꾹나리

뻐꾸기도 나리도 가장 친근한 이름이어서 두 단어가 붙어 이루어진 '뻐꾹나리'는 말로는 친근한 듯하지만 실제로는 그리 흔하게 만나지는 식물은 아닙니다. 오히려 어렵게 만나고 눈여겨 바라보며, 특별한 모습이 하도 신기하고 재미있어서 마음에 담는 그런 들꽃이지요.

백합과에 속하는 이 식물은 여러해살이풀인데 주로 백양산과 두륜산, 조계산 같은 남부 지방에 분포하는 것으로 알려져 있고, 제가 일했던 광릉숲에도 천연 집단이 있습니다. 짐작건대 광릉숲이 가장 북쪽에 분포하는 북한계지가 아닐까 생각합니다.

뻐꾹나리의 특징은 동글동글 나란한 잎맥과 줄기를 약간 감싼 잎에도 있지만 꽃을 보면 확실합니다. 꽃잎은 6갈래로 갈라져 있는데 자주색 반점들이 귀엽고도 개성 있게 가득 박혀 있습니다. 그 사이에 다시 6개의 수술과 가운데에 불쑥 올라와 갈라진 암술 모양이 꽃의 핵심이 되지요. 이 멋진 꽃을 꼭 한 번 가장 쉽게 보고 싶다면 한여름 광릉숲에 있는 국립수목원으로 오세요. 입구에서 진입로를 따라 난 길, 숲 가장자리에서 누구나를 반기며 그렇게 피어 있답니다. 숲에서만 보기에 꽃의 아름다움이 아깝다고 판단한 육종가들은 키에 비해 꽃이 작은 단점을 보완하기 위해 오늘도 키를 줄이는 연구를 열심히 하고 있는 식물이에요.

뻐꾹나리 Liliaceae (백합과) *Tricyrtis macropoda* Miq.

113

섬에 살지만 바닷가 아닌 곳에서 만나는
갯취

갯취를 처음 보던 날, 얼마나 멋지던지요. 생각해 보세요. 키만큼 크게 자라 끝에는 노랗고 고운 꽃들이 줄줄이 달려 긴 고깔 모양을 만드는데 그 길이가 몇 뼘이 넘었습니다. 꽃 밑부분에 달려 있는 타원형 잎새들은 팔길이만큼 큼직한데다가 분백색으로 그 신비로움을 더하니 이 땅에서 좀처럼 보기 어려운 특별한 들꽃의 자태가 아니겠어요? 상상하기 어렵다면 우리가 잘 알고 있는 곰취가 그만큼 길고 크다고 생각하면 될 것 같습니다. '갯곰취' 또는 '섬곰취'라고도 합니다. 제주에서는 사라져 가는 갯취를 증식하여 여러 곳에 심었는데 곰취처럼 맛은 없지만, 워낙 멋진 모습이어서 제주 경관을 알리는 조경 소재로 인기가 높아요.

갯취는 곰취와 같은 집안의 여러해살이풀입니다. 이름 앞에 '갯' 자가 붙은 것은 짐작하신 데로 바다가 있는 섬, 제주도와 거제도에 살기 때문인데 바닷가 옆 낮은 곳이 아니라 바다 가까운 산의 하늘이 트인 높은 곳, 혹은 오름이나 분지에 살고 있습니다. 바다를 아주 멀리 바라보고 있다고 해야 옳은, 지구 상에서 이 땅에만 사는 아주 귀하여 꼭 보전해야 하는 우리 꽃입니다. 이 식물의 학명은 120여 년 전 제주도에 들어와 선교 활동을 하며 우리 식물을 세계에 알린 프랑스 선교사 타케 신부님을 기념하고 있습니다.

갯취 Asteraceae (국화과) *Ligularia taquetii* (H.Lév. & Vaniot) Nakai

발끝의 향기가 백 리까지 이어지는
백리향

백리향, 이름만 들어도 청량한 향기가 날아들 듯합니다. 높은 산 바위에서 혹은 산자락을 덮으며 방석처럼 펼쳐지는 모습을 보며 느끼는 실제 향기는 이름보다 독특하고 인상적입니다. 작고 앙증맞은 꽃송이들이 내어놓은 향기도 좋지만 잎을 비비면 그 끝에 묻어나는 향기가 더욱 특별합니다.

'백리향百里香'이란 이름은 꽃이 피어 그 향기가 100리까지 퍼져 나간다는 뜻으로 알기 쉽지만 '향기가 발끝에 묻어 100리를 가도록 계속 이어진다'는 뜻에서 붙여졌다고 합니다. 산길을 걷다 밟히고 짓이겨져 묻은 백리향의 향이 갈수록 진해져서 그대로 100리를 갈 만큼 오래오래 지속된다는 말이지요.

이 백리향 집안 식물들을 영어로는 '타임Thyme'이라고 합니다. 한 번쯤 들어 봄 직한 이름이지요? 아주 유명한 허브 식물입니다. 장도 깨끗이 하고, 우울증 완화와 피로 회복을 돕고, 또는 두통을 줄여 준다고도 하지요. 울릉도엔 '섬백리향'이 자라는데 백리향보다 꽃도 키도 조금씩 커서, 정원이 있다면 돌이나 담장 위에 얹어 키우고 때론 그 잎을 말려 향을 즐기며 살고 싶습니다. 잠시 풀어 내어 미혹하는 향이 아니라 백리향의 향기처럼 온몸에서 향기가 배어 나와 오래오래 여운으로 남는 그런 사람으로 말입니다.

백리향 Labiatae (꿀풀과) *Thymus quinquecostatus* Celak.

천상에서 가장 아름다운 화원
백두산의 들꽃

 손길에 닳고 닳아 익숙해진 식물도감 속에 언제나 그리움처럼 남아 있는 꽃들이 있습니다. 바로 백두산에 사는 들꽃들입니다. 그중에서도 구불구불 바람에 저항한 흔적을 회백색 줄기에 남기며 자란 사스래나무가 만들어 낸 수목한계선, 바로 선 나무는 더 이상 살 수 없는 그 고산의 초원대에 펼쳐지는 들꽃 무리는 세상에서 만날 수 있는 가장 아름다운 풍광입니다.

 이름만 들어도 백두산 높은 곳에 사는 식물임을 짐작할 수 있는 식물들이 많은데 하늘을 이고 살며 꽃 색깔도 천지의 짙푸른 빛깔을 담은 '하늘매발톱', '구름범위귀', 가장 깊고 깊은 산골에 살고 있음을 이름으로 알 수 있는 '두메양귀비', '두메분취', '두메자운', 화산석으로 이루어진 척박하고 가혹한 환경에서 피어나는 '바위구절초'가 그들입니다.

 남쪽에 여름이 시작할 즈음이면 봄이 시작되어 '노랑만병초' 군락이 한바탕 펼쳐지고, 이어서 한여름에 모든 꽃이 다투어 피어나며, 여름이 갈 즈음이면 이미 가을이 되어 버리는 그 모진 땅 백두산에서는 어렵게 살아 때깔이 더욱 맑고 선명한, 천상에서 가장 아름다운 화원이 펼쳐집니다.

8월
물가에
피는 꽃

    산과 더불어 살아가는 저와 같은 사람들도 여름이 되면 물 생각이 먼저 납니다. 1년 내내, 그리고 그 한 해 한 해가 이어져 평생을 산을 오르며 숲과 더불어 살아가다 보니 여름만큼은 시원한 물가에서 일 없이 놀며 쉬며 빈둥거리고 싶은 마음이 들 때도 있습니다. 하지만 막상 물가에 찾아가도 그곳엔 다양한 식물이 살고 있지요. 결국은 식물을 떠나지 못합니다. 그렇게 물가에 피어난 꽃들을 들여다보고 있으니 이것이 제게는 휴식이고 행복이며 위안이다 싶습니다.

    물이라고 하면 바다도 있고 강도 있고 못도 있고 산에서 흐르는 계류도 있습니다. 그 각각의 장소에서 보면 식물들이 어찌 그리도 개성이 제각각이고, 독특한 꽃들을 피워 내며 아름답고도 열심히 살고 있는지, 그 모습이 새록새록 신기하기 이를 데 없지요.

    사실, 산에 있는 식물을 주로 공부하던 제가 특별히 수생식물의 세계에 눈을 뜨게 된 계기가 있습니다. 바로 우리나라에서 사라져 가는 희귀 식물을 보전하기 위한 연구 프로젝트를 하면서부터입니다. 이 땅에서 식물이 사라져 가는 이런저런 이유들을 찾아내고 어떻게 살고 있나를 보며, 자생지에서 잘 보전되기를 바라지만 너무 희귀해져 버린 식물은 아주 사라지기 전에 증식도 하고, 수목원과 같은 안전한 피난처에 대피시키기도 하는 그런 일들이었습니다.

그렇게 희귀한 식물의 상당수는 '가시연꽃'과 '순채', '흑삼릉', '매화마름', '통발' 같은 수생식물이었습니다. 식물을 살 수 없게 만드는 수많은 요인 중에서 수질 오염은 가장 급속하고도 직접적인 원인의 하나였으니까요.

우리나라에서 최초로 일어난 한국 내셔널 트러스트 운동의 결과로 식물을 보전하기 위해 국민들이 돈을 모아 땅을 사서 지킨 사례는 다름 아닌 강화도 초지진의 '매화마름'이었습니다. 그런데 알고 보면 이 식물은 우리가 논에 물을 빼지 않고 농사짓던 시절까지만 해도 벼농사에 방해가 되는 잡초로 구분되었어요. 재미있는 일은 그렇게 매화마름을 의미 있게 보전하면서 많은 사람이 유사한 생태 정보를 가지고 이른 봄 온 국토의 해안가 논밭을 뒤지다 보니, 강화도 말고도 자생지가 아주 여럿 찾아지는 반가운 소식이 들려왔습니다. 자생지가 많아졌으니 내셔널 트러스트 운동의 의미가 줄었다고요? 아닙니다. 그로 인해 많은 이의 마음과 발을 움직여 걱정하지 않아도 될 만큼의 자생지를 알아낸 것이니 이것이 진정 그 운동의 의미이고 보람인 셈이지요.

흔히 그냥 '수생식물'이라고 하지만 따지고 보면 물과 더불어 살아가는 식물도 매우 다양합니다. 오래된 못이나 논가에 초록색으로 동동 떠다니는 '개구리밥'이나 어린 시절 열매를 먹으면 밤처럼 고소하다고 하여 '물밤'이라고도 부르는 '마름'은 물 위에 떠서 살고 있는 식물입니다. 재미난 것은 대부분의 식물은 잎의 뒷면에

잎과 줄기, 꽃받침의 겉에 모두 가시가 가득한 가시연꽃입니다.

숨구멍이 있지만 이들은 앞면에 있답니다. 알고 보면 당연하지요.

'수련'은 물 위에 떠서 살고 있는 듯 보이지만 사실 물속으로는 뿌리가 땅까지 닿아 있습니다. 꽃잎 빼놓고는 식물 전체에 가시가 가득한 '가시연꽃'도 마찬가지입니다. 사실 알고 보면 수련은 자생 식물이 아니지만 가시연꽃은 희귀한 자생 식물입니다. 볼 때마다 신기한 것은 1미터가 훨씬 넘게 큰 잎을 펼쳐 내는 이 꽃이 한해살이풀이라는 점입니다. 개구리 알을 꼭 닮은 물컹한 우무질에 덮여 물 위를 떠다니며 퍼져 나가는 씨앗의 모습도 재미있고요.

아주 물속에서 살아가는 식물도 있습니다. '붕어마름'과 '나자스말', '실말', '말즘', '검정말' 같은 식물입니다. 이들은 물속에 살다가 꽃이 필 즈음 물 위로 꽃송이를 올리고 꽃을 피워 꽃가루받이를 하는 경우도 있고, 꽃이 핀 마디를 잘라 물 위로 떠나보내는 경우도 있지요. 이 식물들 역시 재미난 모습이 있는데 같은 식물체지만 물속에 있는 부분은 물의 저항을 줄이기 위해 잎이 가늘어지고, 물 위로 올라온 부분은 좀 더 많은 광합성과 숨쉬기를 위해 잎이 넓적해집니다.

누구나 사랑하는 '연꽃'도 알고 보면 자생 식물은 아닙니다. 꽃이 잔잔하여 여름 물가를 더욱 은근하고 품격 있게 하는 '노랑어리연꽃'이나 '어리연꽃'이 진짜 이 땅에서 피어나는 야생의 수생식물입니다. 많은 이가 연꽃과 수련을 혼동하기도 합니다. 자세히 들여다보면 연꽃은 땅속에 굵은 뿌리를 박고 잎은 물 위로 올라와 자라지만, 수련은 잎 뒷면을 물 위에 대고 물에 떠있는 듯 자라는 차이점이 있습니다. 연꽃이 불교와 연관된 동양의 꽃이라면, 수련은 물의 요정으로 등장하는 서양의 꽃이랍니다. 자생 식물 중

연꽃은 진흙물에서 가장 아름답고 순결한 꽃을 피운다지요.

에서 역시 아주 희귀하지만 작고 고운 '각시수련'이 있기도 합니다.

수생식물은 겉은 물론 속도 재미난데 물에 뜨기 쉽도록 스스로를 가볍게 하고 또 산소 공급도 쉽게 하려고 줄기며 잎, 뿌리에도 구멍들이 숭숭 뚫려 있지요. 우리가 음식을 만들어 먹는 연근은 연꽃의 뿌리인데 그 연근의 구멍들이 모두 이러한 기능을 한답니다.

물가에 살지만 물에 발만 담그고 사는 식물도 있습니다. 강 하구에 무리를 이루고 살면서 물새들의 보금자리를 만들어 주는 '갈대', 갈대와 비슷하지만 맑은 계류에서 물 위로 땅 위로 기는줄기를 뻗어 가며 자라는 '달뿌리풀', 분홍빛 꽃이 아름다운 '부처꽃'이 그들입니다.

고요하고 잔잔한 여름 물가에서 살아가는 수생식물은 물안개가 피어오르는 아침에 햇살을 받으며 아름다운 꽃을 피웁니다. 그 꽃들은 여름낮의 무성함과 뜨거움, 그리고 불필요한 걱정까지 잘 다스려 주지요. 2천 년을 묵은 연꽃의 씨앗이 싹을 틔웠듯이 메마른 곳에서 껍질을 굳히고 인고의 세월을 견디며 때를 기다릴 줄 아는 것도, 백련처럼 향기를 꽃에 가두어 두었다가 찻잎과 함께 다시 피워 내는 고급의 문화를 지닌 것도 바로 수생식물입니다.

혹시 이 여름, 물가에 서 있다면 이 수생식물 각각의 개성 어린 멋진 모습도 만나 보고, 또 이들이 살아가는 삶의 지혜도 엿볼 수 있으면 합니다.

큰 키를 흔들며 무리 지어 자라는
줄

　강가에 무리 지어 자라는 줄을 보면 한여름의 더위가 시원하게 가십니다. 부르고 보니 '줄'이라는 한 음절로 된 이름이 독특하다 싶네요. 줄 말고 또 있을까요? 파란색 염료의 원료인 '쪽', 몸에 좋다는 '마', 김치 담그는 '갓', 하얀 솜털처럼 부풀어 오르는 '띠', 중요한 곡식인 '벼'와 '밀', 우리의 조상을 만든 '쑥'까지 제법 많군요. 줄은 그중에서도 키도 크고 물가에서 무리 지어 자라는 특별한 생태를 가진 여름의 풀이라고 할 수 있습니다.

　굵은 땅속줄기가 물이 닿는 흙 속에서 이어지면 마디마다 아래로는 수염뿌리를 내려 고정하고 위로는 줄기를 올려 길죽길쭉 시원스러운 잎을 펼쳐 냅니다. 그래서 줄은 언제나 무리 지어 무성하게 번성하고 있는 듯 보입니다.

　그런데 이렇게 시원스럽게 생기고 잎만 무성해 보이는 식물에 꽃이 필지 모르겠다고 합니다. 당연히 꽃이 핍니다. 벼과에 속하는 식물이니 화려한 꽃잎을 가진 꽃은 아니지만 작은 꽃들이 원추형으로 큰 꽃차례를 만들며 피어납니다. 가까이 보면 노란 수술이 아기자기 재미나고 귀여운 모습을 하고 있지요. 이런 큰 풀에 그런 섬세한 꽃들이 핀다는 것이 신기합니다. 꽃이 든 자리마다 열매도 무수히 익어 가는데 이를 식량으로 먹기도 해 영어 이름이 워터라이스Water-rice입니다. 다음 기회에는 잎 말고 꽃으로 열매로도 줄을 한번 만나 보세요.

줄 Poaceae (벼과) *Zizania latifolia* (Griseb.) Turcz. ex Stapf

손대면 톡 터지는 우리

물봉선

손톱에 꽃물 들이던 봉선화, 울 밑에서 울고 있던 봉선화는 많은 이가 마음에 추억과 함께 담고 있는 꽃입니다. 봉선화는 넓은 의미에서 우리 꽃이지만 우리나라가 고향인 자생 식물은 아닙니다. 손대면 톡 터지는 그래서 '나를 건드리지 마세요'라는 꽃말을 지닌 이 땅의 우리 꽃은 사실 '물봉선'입니다. 물봉선은 자주색에 가까운 진한 분홍색 꽃이 핍니다. 물가에 무리 지어 피어 있으면 시원하고 소박하며 아름답습니다. 흰색 꽃이 피는 종류도 있어 이를 '흰물봉선'이라고 부릅니다. 노란색 꽃이 피면 물론 '노랑물봉선'이고요.

흰물봉선의 꽃 앞쪽은 벌어진 여인의 입술처럼 나누어지고, 그 사이로 드러난 흰색과 노란색이 어우러진 꽃잎의 속살은 자주색 점까지 점점이 박혀 있어 더욱 아름답습니다. 벌어진 반대쪽 꽃잎은 깔때기의 끝처럼 한데로 모여서 카이저수염처럼 동그랗게 말리는데 그 모습이 아주 귀엽지요.

뾰족한 잎끝을 가진 물봉선에 비해 잎끝이 둥글고 꽃 색도 따뜻해 좀 더 부드러운 꽃이 노랑물봉선인데, 지금 한쪽에선 꽃이 남아 있으나 한쪽에선 먼저 피운 꽃에 열매를 익혀 가고, 또 줄기와 잎의 한쪽은 물기를 내어놓고 말라 가며 그렇게 가을을 받아들이고 있습니다.

물봉선 Balsaminaceae (봉선화과) *Impatiens textori* Miq.

특별한 느낌의 생태적 공간을 만드는
물달개비

물달개비가 한때 잡초였다고 하면 좀처럼 믿어지지가 않습니다. 제가 물달개비를 처음 보았을 때는 이미 만나기 어려운 귀한 식물이었기 때문입니다. 물달개비는 논에 물을 대는 도랑가나, 물이 자작하게 흐르는 듯 고이는 듯하는 곳에서 이런저런 물풀과 함께 살아갑니다. 길쭉한 심장형의 반질한 잎으로 자랄 때만 해도 그저 그런 물풀인데 꽃이 피면 상황은 달라집니다.

연한 보라색 꽃이 봉오리를 열어 드러나고, 그 속에 숨어 있던 노란 수술들도 언뜻 보이면 아름다운 풍광을 만들어 냅니다. 신기한 일은 그저 그렇던 논 옆의 도랑이 물달개비 꽃들이 피어나기 시작하면 점차 자연미가 넘치면서도 품격이 높아지고, 다른 곳에서는 만날 수 없는 특별한 느낌의 생태적 공간으로 바뀐다는 사실입니다. 그것이 꽃의 힘, 자연의 힘이 아닐까 싶습니다.

오랫동안 논이었던 곳에 농사를 짓지 않으니 그간 물밑 땅속에서 견뎌 왔던 건지, 어디서 찾아왔는지 모를 물달개비를 시작으로 올미, 벗풀, 물옥잠 같은 다양한 수생식물이 올라오더군요. 논이 농약으로 깨끗해지는 것이, 물달개비 같은 식물이 사라져 오직 벼와 땅만 남는 것이, 논으로 사용하지 않으면 흙으로 메워지는 것이 안타깝습니다.

물달개비 Pontederiaceae (물옥잠과) *Monochoria vaginalis* var. *plantaginea* (Roxb.) Solms

봉황의 눈을 가진 연꽃
부레옥잠

　부레옥잠, 화려한 모습이 이국적입니다. 고향도 브라질이지요. 우리나라에선 어항에 띄워 키우는 수초로 소개되었습니다. 수질 정화 능력이 뛰어나다 하여 키우고 싶어 하는 이들도 많지만 고향이 열대 지방이라 우리나라에선 실내가 아니면 살기 어려웠던 꽃입니다. 요즈음에는 날씨가 따뜻해진 탓인지 제주도나 남쪽에 가면 더러 심어 키우지 않아도 무성하게 자라고 있는 부레옥잠을 만나곤 합니다.

　그런데 세계적으로 생태계를 가장 위협하는 외래침입종에 부레옥잠이 들어가 있는 글을 보고 깜짝 놀랐습니다. 부레옥잠은 너무나 왕성한 번식력 때문에 고향을 떠나 전 세계로 퍼져 나갔고, 또 중요한 수로를 막아 버려 세계적인 문제 잡초로 뽑히는 불명예를 안게 되었다는 것이지요. 아직은 염려할 수준은 아니지만 주목할 일입니다.

　부레옥잠의 이런 사회적인(?) 문제를 뒤로하고 꽃구경만 하면 그 모습이 빼어나게 아름답습니다. 꽃이 여러 개 달려 보기에도 탐스럽고 꽃송이 하나하나를 들여다보면 더 멋집니다. 연보라색 꽃잎들 중 위에 달린 꽃잎 1장만 색이 진하고 노란 점이 박혀 있답니다. 그래서 중국에서는 '봉황의 눈을 가진 연꽃'이라 하여 '봉안련鳳眼蓮'이라고 부르기도 하지요. 참 잘 어울리는 이름입니다.

부레옥잠 Pontederiaceae (물옥잠과) *Eichhornia crassipes* (Mart.) Solms

여름과 가을을 이어 주는 꽃
물매화

물매화가 피는 시기는 여름이지만 꽃핀 물매화를 만나면 이내 가을이 올 것을 짐작할 수 있습니다. 말하자면 물매화는 '여름과 가을을 이어 주는 꽃'이라고 할 수 있지요. 가녀린 줄기 끝에 단정하게 그리고 외롭게 하나씩 피어나는 꽃송이는 가을 하늘빛 아래서 더욱 선연합니다.

낮은 곳엔 살지 않는 물매화는 우거진 숲이 아니라 깊은 숲에 드러난 양지바른 습지에서 주로 자랍니다. 물매화를 어디에서 보았던가 기억을 더듬어 봅니다. 소백산 천문대쯤을 돌아들던 어느 산자락, 평창의 한 계곡, 그리고 백두산 소천지에서 흐르는 물줄기가 자작거리던 습지….

봄꽃이 아닌데 키를 낮추어야 하고, 숲속에 피지만 나무에 가려지지 않으며, 모여 피지만 하나씩 달리는 꽃송이가 더없이 외로운 물매화. '물매화'란 이름은 희고 단정하게 균형 잡힌 다섯 장의 꽃잎이 매화를 닮았고, 물이 있어 땅이 축축한 곳에서 자라 붙었습니다. '매화초'라는 이름도 있습니다. 그런데 꽃을 자세히 들여다보면 수술의 모양이 사뭇 남다릅니다. 끝에 자줏빛이 도는 5개의 수술 말고도, 헛수술 5개가 있는데 그 끝이 여러 갈래로 갈라져 마치 수술이 많은 듯 보입니다. 높은 산에서 고고히 자라는 물매화도 드문 곤충을 부르는 허세가 필요했던 모양입니다.

물매화 Saxifragaceae (범의귀과) *Parnassia palustris* L.

여름 풀숲에서 만난 진한 주홍빛의
털동자꽃

비가 많이 내리고 우거진 숲마저 때론 덥게 느껴지는 여름. 그 공간에서 빛을 발하는 존재가 많지 않을 듯싶은데, 그래도 풀숲에서 피어난 고운 주홍빛 동자꽃은 아름답기만 합니다. 소박한 듯하지만 화려함을 숨기고 있고, 평범한 듯하지만 곳곳에 많은 매력을 지닌 동자꽃은 그렇게 우리의 마음을 움직여 오래도록 가슴에 선연하게 남아 있지요.

동자꽃도 그러한데 동자꽃과 같은 집안인 '털동자꽃'은 분포가 한정적이어서 귀한 식물인데다가 꽃 빛도 더욱 진하여 숲에서 만났을 때 반가움이 더 크답니다. 동자꽃 집안은 꽃잎의 가운데가 움푹 패어 있습니다. 동자꽃은 하트 모양을, 털동자꽃은 승리의 V 자를 그리고 있는 듯하고, 제비동자꽃은 꽃잎이 더욱 깊이 패어 마치 제비 꼬리처럼 보이지요. 여름의 숲에서 동자꽃 집안 식물을 만나셨거든 꽃잎을 찬찬히 살펴보며 어떤 동자꽃인지 짐작해 보세요. 꽃잎이 깊이 패인 것일수록 귀한 종류랍니다.

그런데 생각해 보니 제가 털동자꽃을 본 것은 백두산 자락이 유일합니다. 반대로 제비동자꽃은 남한에서는 대관령 근처 선자령 한곳에만 위태롭게 자생했던 까닭에 조사하고 증식하여 이곳저곳 퍼트렸고, 이제는 매년 여름이면 수목원 정원에서 어렵지 않게 볼수 있게 되었습니다. 이젠 털동자꽃에 더 관심을 두어야 하나 봅니다.

털동자꽃 Caryophyllaceae (석죽과) *Lychnis fulgens* Fisch. ex Spreng.

연분홍색 물감을 칠한 듯 고운
물질경이

질경이처럼 보이는 잎들이 물속에 살고 있다면 물질경이입니다. 물풀들은 대개 물 흐르는 속도 등의 이유로 물속에서 가늘게 갈라지는 경우가 많습니다. 같은 식물의 잎도 물속과 물 밖의 갈라진 정도가 달라 처음에 혼동을 주기도 하지요. 하지만 물질경이의 넓적한 잎은 물속에서 물결 따라 일렁일렁 움직입니다. 그러다 꽃이 피면 정말 꽃만 물 위로 올라옵니다. 꽃잎은 3장씩 달려 벌어지는데 연분홍색의 물감을 꽃잎의 위쪽에만 칠한 듯 곱습니다. 잔잔한 수면에 꽃들만 쏙쏙 올라온 모습의 특별함을 어떻게 설명해야 할까요?

물질경이는 암술이 수술 바로 아래에 있다고 합니다. 꽃을 하루밖에 피우지 않는데 혹시 그 사이 다른 곤충들의 도움을 받지 못해 꽃가루받이에 실패할 경우 스스로 할 수 있고, 갑작스러운 폭우로 꽃이 물에 잠기면 꽃봉오리에 공기방울을 만들어 그 안에서 수분이 이루어진다고 하네요. 생각해 보니 물질경이에 대해 자세히 관찰한 적도 제대로 아는 것도 없다 싶습니다. 물풀들은 유독 한해살이풀이 많고 물질경이도 그러한데, 도통 어떻게 씨를 맺고 어디에 떨어지며 물속에선 어떻게 견뎌 내고 이동해 싹을 올리는 것일까요? 가까이 살고 있는 풀이라면 지금이라도 알아가고 싶은데 보기마저 쉽지 않으니 언제나 물질경이의 진짜 삶을 곁에서 보고 이해할 수 있을지요….

물질경이 Hydrocharitaceae (자라풀과) *Ottelia alismoides* (L.) Pers.

마음이 깨끗하게 정리되는 느낌
산부채

산부채는 언제나 마음을 설레게 하지만 직접 만나기 어려워 더 애틋합니다. 추운 북쪽 지역 습지에서 자라기에 산부채의 수려한 꽃들을 만나려면 특별한 자연을 찾아 여행을 떠나야 합니다. 백두산이나 일본 북해도로 자연 탐사를 떠나는 길목에서 볼 수도 있겠지만 이도 여의치 않습니다. 꽃피는 때를 맞추기도, 길을 벗어나 이 꽃만을 찾아 떠나기도 쉽지는 않지요.

하지만 한번 상상해 보세요. 가장 깊고 깨끗한 북쪽의 숲속, 울창한 숲에 물이 흐르고 때론 물이 고여 만든 소류지에 흰색의 부채 같은 포를 달고 피어나는 산부채 무리를 말입니다. 절로 마음이 차분하고 깨끗하게 정리되는 느낌입니다.

산부채의 흰색 부채는 꽃잎은 아니랍니다. 식물 가운데 손가락처럼 올라온 것이 작은 꽃들이 다닥다닥 모여 달리는 꽃차례이고, 이를 싸고 있는 흰색의 부채는 '포'라고 부르는 기관이지요. 꽃꽂이 소재나 신부의 부케를 만드는 데 자주 쓰이는 꽃 가운데 '칼라'가 있습니다. 이 꽃도 산부채도 칼라속*Calla*에 속하는 한집안 식구여서 비슷하게 생겼습니다. 하지만 분류 연구 결과, 산부채는 그대로 칼라 집안에 남았으나 정작 우리가 칼라로 부르는 식물은 잔테데스키아속*Zantedeschia*으로 분리되었으니 어찌 불러야 옳은 것인지 고민입니다.

산부채 Araceae (천남성과) *Calla palustris* L.

9월
귀화 식물,
나도 이 땅이 좋아!

　한여름 들판에서 가장 많이 볼 수 있고, 가장 큰 무리로 피어나는 꽃을 고르면 '개망초'가 가장 먼저 떠오릅니다. 뜨거운 한여름의 햇볕을 고스란히 받으면서 무성하고 강건하게, 너른 들판 가득히 하얀 꽃들을 끝도 없이 피워 내는 개망초는 여름 들판의 주인임에 틀림없습니다. 그런데 이 개망초는 사실 귀화 식물입니다.

　귀화 식물은 외래 식물하고는 좀 다릅니다. 모두 본래의 고향이 우리 땅이 아닌 공통점이 있지만, '귀화 식물'은 그 경로와 태생이 어찌되었든 '이 땅에 들어와 스스로 씨를 퍼트리며 살아 나가는 완전하게 정착한 식물'을 뜻합니다. 귀화 식물이 늘어나는 것은 우리나라에 분포하는 식물의 수가 늘어났음을 말합니다.

　반면에 '외래 식물'은 '누가 심지 않는다면 이 땅에서 살아가지 못하는 식물'이라는 점이 다릅니다. 우리가 잘 아는 해바라기나 장미 같은 식물은 외래 식물입니다.

　물론 언제부터인지도 모르게 '아주 오래전부터 이 땅을 고향 삼아 절로 자라고 지며 다시 나는 식물'은 '자생 식물'입니다. 이렇게 구분한 다음, '우리나라에 피는 들꽃'을 꼽는다면 대부분의 사람이 자생 식물을 떠올립니다. 그렇지만 심지 않아도 가꾸지 않아도 저절로 자라는 점을 보면 귀화 식물의 꽃도 들꽃에 포함시킬 수 있습니다.

신라를 배경으로 하는 〈선덕여왕〉이나 고구려가 배경인 〈주몽〉 등 텔레비전에서 사극이 유행했을 때 저는 그 드라마들을 보다가 남모르게 혼자 웃곤 했습니다. 드라마의 주인공들이 말을 몰고 들판을 가로질러 적진을 향해 가거나 쫓고 쫓기는 자못 심각한 장면에서 혼자 피식 웃음 지은 이유는 아는 것이 병이라고 들판에 가득 핀 꽃들이 눈에 보였기 때문입니다. 최근엔 사극들이 내용도 새롭고 의상이나 풍속에 고증도 열심이지만 자연에 대한 부분은 영 고려를 하지 않는 것 같습니다. 주인공들이 멋진 모습으로 말을 달리는 들판엔 흰 꽃들이 가득 피어 있는데, 이들은 십중팔구 개항을 전후로 들어와 이 땅에 살기 시작한 지 100년 남짓한 귀화 식물인 망초나 개망초이기 때문입니다.

'망초'나 '개망초'란 식물의 이름에는 가슴 아픈 사연이 있습니다. 구한말 우리나라가 합병되기 전, 외세의 압력에 의해 국토 곳곳에 철도가 놓이고 길이 닦였습니다. 이처럼 나라가 망할 징조가 보이는 곳에 가면 그간 보지 못한 낯선 꽃이 보였는데 백성들은 이를 '망국초亡國草'라 불렀고, 이후 '망초'가 되었다고 합니다. 그러니 단언하건데 신라 시대나 고려 시대의 우리 땅 들판에는 이런 꽃들이 피지 않았답니다. 물론 말이 달릴 수 있는 우리나라 웬만한 들판의 사정이 대부분 그러하니 절대 탓하려는 건 아닙니다. 제겐 남들이 모르는 보는 재미가 있다는 말을 하려는 것입니다.

귀화 식물들은 도대체 어떻게 고향을 떠나 이 머나먼 곳까지 와서 살게 되었을까요? 각각 사연이 다양합니다. '미국쑥부쟁이'는

'개망초'라는 이름은 망국초에서 시작되었지요. 어린잎이 나물로 아주 순하고 맛있답니다.

꽃꽂이하는 분들 사이에 '백공작'으로 알려져 있습니다. 흰색 꽃이 줄기 갈피갈피에서 가득 피면 흰 깃털을 가진 공작새가 꼬리 깃을 펼친 듯 보여 붙여진 이름입니다. 이 꽃은 주로 경기도 북부 지역에 분포하고 있는데, 꽃꽂이 소재로 들여온 것이 야생으로 뛰어나간 것인지, 미군 군수 물자에 섞여 들어온 것인지 의견이 분분합니다. 이외에도 사료나 곡물에 섞여서 들어오기도 하지요. 이 꽃이 필 즈음이면 파주와 포천 등의 길가에는 마치 가로 화단을 만들어 놓은 듯 흰 꽃이 아름답게 피어 납니다.

'오리새'나 '큰김의털'은 벼과에 속하는 식물이라 화려한 꽃잎이 없어 눈에 잘 들어오지 않지만 길가에 많습니다. 대부분 도로를 내면서 잘려 드러난 산비탈을 복구할 때 초록색 잎으로 빠르게 피복하기 위해 들여온 것이 야생으로 퍼져 나간 경우입니다. 원래 이론상으로는 이렇게 산비탈에 뿌리는 외래 식물은 다시 결실하지 못하도록 씨앗에 처리가 되어야 합니다. 그래서 이들의 뿌리가 흙을 붙잡아 산사태를 막아 주면 주변의 쑥 같은 자생 식물들이 들어와 정착하게 하지요. 하지만 어쩌다 결실한 씨앗들이 퍼졌고 우리나라 온 국토의 모든 길에 이미 자리를 잡은 겁니다.

'귀화 식물'이라고 하면 크게 호의적인 느낌이 들지 않는 모양입니다. '달맞이꽃'이나 '자운영' 같이 아주 친숙하고 사연 많은 유익한 식물들도 귀화 식물이라고 하면 갑작스레 거리감을 나타내기도 합니다. 물론 식물을 공부하는 사람도 식물상을 조사하다가 귀화 식물이 많이 발견되면 그만큼 자연성이 손상된 곳이라 판단하여 도시화 지수를 높게 측정하기도 합니다. 귀화 식물 중에는 '서양등골나물'처럼 독성이 있거나 생태계 위해종으로 지정된 종류도 있습니다. 우리 주변에서 시도 때도 없이 쑥쑥 크는 멋대가리 없는 민들레가 대부분 '서양민들레'라는 사실을 알게 되면 놀라기도 하고, 이 귀화 식물들이 특별한 전략으로 새로운 곳을 점령해 땅을 덮으며 자라는 모습을 보면 겁이 덜컥 나기도 하지요.

하지만 이미 300종 가까이 되는 모든 귀화 식물이 우리의 자생 식물이 살아가야 할 자리를 차지하고 생태계에 교란을 일으키는 문제 식물은 아닙니다. 함께 살아갈 수밖에 없는 상황에 이르렀다면 정확히 알고 제대로 이해하여 유익하게 활용하거나 관리하는 등 알맞은 조치를 해야 합니다. 사실 대부분의 귀화 식물이 번성하게 된 일차적인 이유는 식물을 탓하기 전에 사람에게 있으니까요. 귀화 식물의 대부분은 매우 많은 빛이 필요하기 때문에 기존의 숲이나 보전이 잘된 자연에 들어가는 경우가 극히 드뭅니다. 결국 사람들이 훼손한 지역에 먼저 들어가 자리를 잡는 것이니 우리 탓을 해야 합니다.

우리가 좋아하는 꽃 중에 저녁이 올 즈음 환하고 노란 꽃이 피는 '달맞이꽃'이 있습니다. 마음까지 밝게 만드는 꽃도 좋지만 씨앗에서 기름을 짜서 유용하게 쓰지요. 농사짓는 땅을 비옥하게 하려고 일부러 심는 '자운영'은 이제 정서적으로도 우리와 딱 맞는다는 느낌입니다. 도로의 화단에 심어져 진노란색 꽃으로 주변을 환하게 하는 꽃은 '원추천인국'입니다. '팬지'처럼 일부러 심었는데 야생으로 뛰어나가 스스로 살아가는 꽃들도 있습니다. 네잎클로버의 행운이 담겨 있는 '토끼풀'도 알고 보면 귀화 식물입니다. 무조건 배척하기에는 각각의 식물들이 갖는 위치와 처지가 너무 다르지요.

제주도에는 '서양금혼초'라는 노란색 꽃이 피는 국화과 귀화 식물이 있는데, 많은 사람이 걱정하는 꽃입니다. 길가에 노랗게 피는 모습을 보면 꽃길 같아 보기 좋다는 사람도 더러 있지만 한라산까지 올라가는 위험한 지경에 이르렀기 때문입니다. 특별히 애향심이 강한 이 지역 사람들이 힘을 모아 한라산에서 대대적인 제거 작전을 펼치기도 했습니다. 그런데 알고 보면 서양금혼초는 다른 식물들이 살지 못하게 하는 물질을 내놓는 매우 강하고 특별한 식물인데, 이에 착안하여 천연 제초제로서의 효과가 매우 탁월하다는 연구 결과도 있습니다. 그렇다면 그냥 두어야 하는지 고민이지만, 한라산과 같은 우리나라 최고의 자연 속에 타고 들어가는 것은 막는 게 맞을 듯합니다.

귀화 식물이 무조건 좋거나 나쁘다는 이야기가 절대 아닙니다. 이제는 돌이킬 수 없이 우리와 이 땅에서 함께 살게 된 식물이니 특징을 알아야 관리하는 것도 제대로, 이용하는 것도 제대로 할 수 있다고 봅니다. 우리가 사랑하는 '냉이'도 자생 식물이라고 하지만, 15세기 전후의 밭 잡초와 더불어 들어온 것을 보면 시점에 따라서 달라지는 문제이기도 하니까요.

가장 중요한 것은 생명을 보는 우리의 시선이 좀 더 근본적이고 따뜻했으면 합니다. 자연을 보면서 정치처럼 내 편 네 편을 갈라서는 안된다는 생각입니다. 아주 다양한 환경이 오래오래 이어져오면서 지금의 모습이 있는 것인데 지극히 짧은 순간의 한 면만을 보고 선악을 구분하는 건 위험하기 때문입니다. '우리'가 아닌 것을 무조건 배척하는 습관 때문에 소중한 그 무엇을 잃어버리진 않을까 하는 염려이기도 합니다.

'어성초'란 이름으로 훨씬 유명한
약모밀

약모밀, 메밀과 비슷한 잎을 가졌는데 약이 되는 식물이어서 '약모밀'이 되었습니다. 하지만 이 약모밀은 '어성초'란 이름으로 훨씬 유명합니다. 이 이름으로 우리나라에 들어와서 건강 식물로 소개되어 차로 달여 마시는 것이 유행했기 때문입니다. '어성초魚腥草'라는 이름은 한자 이름에서 짐작할 수 있듯이 잎을 떼어 살짝 비벼 보면 정말 비릿하고 유쾌하지 않은 생선 비린내 같은 것이 풍겨 옵니다. 하지만 차로 달이면 그 냄새가 없어져 참 신기하지요.

약모밀은 일본에 원자폭탄이 떨어진 후 가장 먼저 그 죽음의 땅을 뚫고 올라온 식물 중 하나라 하여 유명해졌습니다. 실제로 이 풀을 심어 놓으면 주변에 벌레도 잘 꼬이지 않고 벌레에 물리거나 옻에 옮았을 때 잎을 비벼 문지르면 금세 가려움증이 가라앉는답니다.

약모밀이 꽃을 피우면 희고 매우 아름답다는 생각이 듭니다. 약모밀도 알고 보면 특별한 구조를 가지고 있는데, 꽃으로 보이는 것은 사실 꽃차례와 포입니다. 가운데 봉곳하니 올라와 있는 것이 작은 꽃들이 모여 있는 꽃차례이며, 꽃잎이 없는 작은 꽃들이니 모여 있어도 눈에 띄지 않는 탓에 꽃차례에 달린 포가 마치 꽃잎처럼 흰색으로 변해 버렸답니다. 좀 더 잘 살기 위해 애쓴 모습이니 '약모밀의 변신은 무죄'라고 해야 할까요?

약모밀 Saururaceae (삼백초과) *Houttuynia cordata* Thunb.

연보랏빛 종들이 대롱대롱 매달린

컴프리

친근한 듯 낯선 듯한 영어 이름을 지닌 귀화 식물입니다. 사람처럼 이 땅에 귀화하게 된 데에는 여러 가지 사연이 있지만 컴프리는 유독 이야기가 많습니다. 오래전 비싼 커피 대신 잎을 차로 마시려고 들여온 이도 있고, 고향인 코카서스 지방에서는 컴프리 가루와 밀가루를 섞어 흑빵을 만들어 먹었는데 그 지역이 유명한 장수촌이어서 유명세를 타기도 했으며, 위장에 좋다 하여 약용 식물로 많이 심기도 했습니다.

지금도 작은 지방 도시 어딘가에선 '컴프리 팝니다'라고 써 놓은 가게를 볼 수 있습니다. 하지만 이 풀을 먹으면 남자에게 좋지 않다는 소문이 나고 결정적으로 간에 좋지 않다는 동물 실험 결과가 발표되면서 더 이상 먹기 위해서 키우지 않고 점차 사람들의 관심에서 멀어져 갔습니다.

그런데 그 사이에도 컴프리는 이 땅을 포기하지 못하였나 봅니다. 심지 않아도 스스로 퍼져 나가고 씨를 떨어뜨려 새로 자라며 혼자 힘으로 정착해 살게 된 것이지요. 간혹 자연을 찾아가는 길목에서 컴프리를 만나곤 합니다. 조금은 억세서 가시처럼 느껴지는 털이 식물 전체에 돋아 있지만 어느 순간 연보랏빛 종 같은 꽃들을 줄줄이 피웁니다. 부모의 고향은 다르지만 '넓은 의미의 우리 꽃'이라고 말하고 싶습니다.

컴프리 Boraginaceae (지치과) *Symphytum officinale* L.

151

방사선 누출에 대비하는 지표 식물

자주닭개비

꽃마다 유명해진 계기가 있기 마련인데 자주닭개비는 원자력과 관련해서 이름을 알렸답니다. 아주 가끔이지만 일본이나 체르노빌처럼 원자력 누출 사고가 나면 아주 치명적인 영향을 미치기 때문에 심각하지요. 이 자주닭개비는 방사선에 노출되면 보라색이던 꽃 색이 분홍색으로 변하거나 색이 없어진답니다. 그래서 방사선 누출 사고를 대비하는 지표 식물로써 원자력 발전소가 있는 곳에 많이 심는다고 알려져 있습니다. 모든 자주닭개비가 그런 것은 아니어서 실험적으로 입증된 품종이어야 한답니다.

한동안 이 꽃을 보면 괜스레 방사능 관련 시설이 있는지 두리번거리기도 했지만 그보다는 이 땅에 정착한 정원 식물로 만나는 것이 더 편할 듯 합니다. 보통은 남보라색 꽃들이 피지만 품종에 따라 예쁜 연보라색 꽃이 피기도 하는데 포기를 만들며 강건하게 자라고 오래오래 볼 수 있는 장점도 있습니다. 재미난 것은 막상 꽃 한 송이는 아침에 피었다가 오후에 지는데 워낙 여러 송이가 달려 계속 피어나면서 개화기를 연장합니다. 피고 지고 또 피는 우리의 무궁화처럼요. 고향인 북아메리카 원주민들은 꽃순으로 샐러드를 만들거나 튀겨서 먹기도 한답니다.

자주닭개비 Commelinaceae (닭의장풀과) *Tradescantia reflexa* Raf.

수박이 열리지 않는
수박풀

　수박풀에는 수박이 열리지 않습니다. 수박이 열리는 식물은 이름이 그냥 '수박'인데, 이 수박도 나무가 아니고 풀이다 보니 수박풀을 놓고 생각하면 영 헷갈리네요. 그런데 왜 수박풀이 되었을까요? 수박 냄새가 날까요?

　수박 같은 냄새가 난다 하여 '수박풀'이라는 별명을 가진 것은 진짜 수박풀이 아니라 오이풀이지요. 그렇다면 한해살이 잡초처럼 자라는 이 풀이 수박 밭에서 많이 자라기 때문일까요? 그도 아니랍니다. 정답은 잎의 모양이 수박잎을 닮았기 때문이래요. 하지만 식물학적으로 수박과는 무관하고 오히려 무궁화와 같은 집안 식구랍니다. 그 증거로써 암술이 있고, 그 암술대에 수술이 달리는 꽃의 구조가 같다는 사실을 들 수 있지요.

　원래의 고향은 중부 아프리카입니다. 한때 꽃을 보기 위해 관상용으로 들여왔다가 야생으로 퍼져 나간 경우예요. 보통 아침에 피었다가 볕이 뜨거워지면 꽃을 닫는데 그 때문인지 영어 이름이 플라워오브언아우어Flower-of-an-hour입니다.

　저는 수박풀을 보면서 '맑은 꽃'이라고 말하고 싶습니다. 연한 미색의 꽃잎은 얇아서 비라도 촉촉이 맞으면 조금씩 투명해지거든요. 그 아래 달리는 꽃받침은 아예 반쯤 투명하여 맥이 선명하게 보일 정도랍니다.

　　　　　　　수박풀 Malvaceae (아욱과) *Hibiscus trionum* L.

자줏빛 구름처럼 꽃부리가 아름다운

자운영

  본능적으로 우리말 이름을 가진 우리 꽃을 좋아하지만 한자 이름이라도 그 뜻과 어감이 잘 어우러져 마음에 꼭 와닿는 꽃이 '자운영紫雲英'입니다. 자줏빛 구름처럼 아름다운 꽃부리. 자운영은 말 그대로 세상의 깨끗하고 아름다운 여러 가지 분홍빛을 적절히 섞어 놓은 듯합니다. 그 꽃이 핀 남도의 들녘을 바라보면 헤아릴 수도 없이 많은 자줏빛 꽃송이가 구름 펼쳐지듯 가득하여 황홀하기만 하지요.

  더욱이 자운영은 태생도 이 땅이 아니고 이웃 중국을 중심으로 분포하고 있는데도 마음에 그저 우리 꽃이려니 싶은 것을 보면 정말 제대로 귀화한 꽃인가 봅니다. 이 아름다운 식물의 뿌리 끝에는 뿌리혹박테리아들이 공생해 사는데 공중에 있지만 이용할 수 없는 질소들을 영양분으로 이용할 수 있게 고정해 줍니다. 그래서 작물을 수확한 밭에 자운영을 심어 땅을 비옥하게 하고, 또 갈아엎어 거름을 주는 효과를 내지요. 어린순은 데쳐서 나물을 무쳐 먹기도 하니 이래저래 고마운 꽃이랍니다.

  자운영 꽃이 피는 들판의 하늘에선 종달새가 울고, 아이들은 지천인 꽃송이들을 엮어 목걸이도 반지도 화관도 만들며 그 계절을 만끽합니다.

자운영 Fabaceae (콩과) *Astragalus sinicus* L.

해가 지고 달이 뜨면 피어나는
달맞이꽃

　남들은 해를 보며 꽃을 피우는데 달을 보면서 꽃을 피워 달맞이꽃이 되었다니 참으로 낭만적입니다. 이 꽃에는 낮에 활동하는 곤충 대신 밤에 활동하는 '박각시'라고 하는 큼지막한 나방이 찾아오지요.

　달맞이꽃은 누구나 잘 알아요. 해가 저물어 가는 길가에 핀 환한 달맞이꽃을 보면 낯모르는 곳도 마치 고향 집 근처 같은 착각이 들만큼 친근합니다. 그런데 이 꽃이 귀화 식물이라는 사실을 알고 있는 사람들은 많지 않습니다.

　달맞이꽃의 고향은 바로 저 멀리 남아메리카 대륙의 칠레입니다. 고향은 아니지만 일찍이 우리나라에 들어와 스스로 자리 잡고, 씨앗을 사방에 퍼트려 이젠 전국에 분포하게 된 것이지요. 적어도 100년 전에는 볼 수 없던 식물이지만 마음으로 가까워지는 데는 그리 긴 시간이 필요하지는 않은 모양입니다.

　달맞이꽃의 또 하나 특별한 점은 겨울을 나는 방법입니다. 두해살이풀, 정확히는 월년초越年草인데 꽃이 지고 성숙한 씨앗이 떨어지면 그 해에 바로 싹을 틔워 작은 방석처럼 둥글게 잎을 펼쳐 낸 상태로 겨울을 보냅니다. 새봄이 오고 다른 식물들이 올라올 때 이미 자리를 차지하고 있는 달맞이꽃은 새싹을 쑥 올려 보내 빠르게 경쟁에 유리한 고지를 점합니다.

달맞이꽃 Onagraceae (바늘꽃과) *Oenothera biennis* L.

다복하게 엉켜 방석처럼 자라는

토끼풀

  초록빛 풀밭에 다복하게 올라온 토끼풀 무리가 있습니다. 콩과에 속하는 여러해살이풀인 토끼풀은 줄기가 땅 위로 기면서 곳곳에 뿌리를 내리기도 하고 줄기를 위로 올리기도 합니다. 때문에 한 포기씩 구분되지 못하고 무더기로 엉켜 마치 방석처럼 자라지요. 줄기에 달리는 잎은 3장의 작은 잎으로 이루어진 복엽입니다. 여름이 시작되면 초록빛 밑부분에 담고 있던 흰 꽃들이 보입니다. 우리가 보는 동글동글한 꽃송이는 아주 작은 꽃들이 마치 작은 공처럼 둥글게 달려 있는 꽃차례입니다. 간혹 토끼풀의 수술과 암술을 찾을 수 없다고 하는 분들이 있는데, 동그란 꽃차례를 이루는 하나하나의 꽃을 펼치면 그 속에 들어 있습니다.

  클로버가 바로 토끼풀이란 걸 알고 계시나요? 토끼풀에 간혹 4장의 작은 잎이 모여 달리는 데 이를 '행운의 네잎클로버'라고 하지요. 말하자면 일종의 돌연변이입니다. 나폴레옹은 네잎클로버를 보고 허리를 굽혀 총알을 피하는 행운을 얻었다고도 하고, 이런 변이를 일부러 발생시켜 네잎클로버를 재배해 큰 수입을 거두는 행운을 잡은 이도 있다고 하지요. 그렇지만 진짜 행운은 네잎클로버를 찾고 간직하며 간절히 바라는 마음, 초록이 가득한 자연 속에서 아이들과 풀밭에 앉아 반지나 목걸이, 화관을 만들며 들에서 갖는 시간이 아닐까 싶습니다.

토끼풀 Fabaceae (콩과) *Trifolium repens* L.

황량한 땅에서도 강하게 자라는
미국자리공

미국자리공은 신문을 장식했던, 아주 유명하고 억울한 일이 많았던 귀화 식물입니다. 꽤 오래전 일입니다만 환경 오염이 극심했던 울산 공단, 주민들도 이주해 버린 빈 마을의 야산에서는 대부분의 식물이 제대로 살지 못하고 사라져 갔습니다. 그런데 그 황량한 땅에 무성하게 살아가는 낯선 풀이 있었는데, 바로 미국자리공이었나 봅니다. 그리고 나서 찾아보니 전국의 여기저기에서 그리고 서울의 한복판에서 불쑥불쑥 미국자리공을 만날 수 있었습니다. 그래서 한동안 미국자리공이 출현한 곳은 오염되었다고 판단되어 입에 오르내렸고, 그곳을 관리하는 분들은 곤혹을 치르기도 했지요.

하지만 알고 보면 미국자리공은 그리 무서운 풀은 아닙니다. 오히려 유백색 꽃송이들은 참 곱고 예쁩니다. 무성하다 싶은 열매들은 한때 염료로 활용하기 위해 일부러 심기도 했습니다. 바닷가 청정 지역 해안가에서도 이 미국자리공이 자라고 있는 것을 보면 오염된 곳에만 사는 것도 아닙니다. 다만 다른 풀들이 사라지는 곳에서도 견딜 만큼 강할 뿐이니 주변에 이 풀만 가득하다면 분명 경계해야 합니다. 식물을 탓하기 전에 자연을 오염시킨 장본인인 우리를 먼저 되돌아보고 문제점을 풀어 나가야 한다는 생각입니다.

미국자리공 Phytolaccaceae (자리공과) *Phytolacca americana* L.

크고 붉은 꽃의 아름다운 풍광

석산

석산은 '꽃무릇'이라고 부릅니다. 선운사나 불갑사와 같은 남쪽의 유서 깊은 사찰 근처의 숲에 가면 나무 밑에 무리 지어 끝도 없이 피어나는 이 꽃을 만날 수 있습니다. 줄기에 잎도 없이 쑥쑥 꽃대를 올려 큼지막하게 피어나는 붉은 꽃이며, 나무 그늘 속에서도 큰 꽃 무리를 이룬 풍광은 정말 인상적이고 아름답습니다. 제 친구 중 하나는 석산이 아름다운 곳과 꽃이 절정인 때를 정리하여 주변에 나누며 함께 꽃구경을 권하기도 합니다.

그만큼 사람들은 그 강렬한 아름다움에 빠져 석산을 무조건 사랑합니다. 석산은 알고 보면 꽃이 필 때 잎이 없고 잎이 필 때 꽃이 없는, 그래서 잎과 꽃이 항상 그리워한다는 상사화와 같은 집안 식물입니다. 이 꽃으로 유명한 한 지자체의 군수님은 '상사화'라고 해야 꽃을 보러 찾아오는 분들께 여러 이야기를 엮어서 알릴 수 있으니 이름을 바꿔 달라 조르신 적도 있습니다. 하지만 연분홍빛 상사화는 따로 있으니 제 맘대로 그리할 수는 없는 일이지요.

여러 숲에 지천으로 있으며 매년 절로 자라고 스스로 퍼져 간다며 자생 식물이라고 주장하기도 합니다. 하지만 원래 이 꽃의 고향은 중국이고 사찰에 일부러 심었던 것이 퍼져 나간 것으로 알뿌리가 쪼개어져 무성 번식한 것이어서 씨앗을 맺지 못하는 까닭에 아직은 인정되지 않고 있습니다.

석산 Amaryllidaceae (수선화과) *Lycoris radiata* (L'Her.) Herb.

곧고 깊게 뿌리내리며 사방에 퍼져 나가는
서양민들레

산책길에 나서서 걷다 보니 갑자기 사방이 환해지는 느낌이 듭니다. 주변을 휘휘 둘러보니 발아래 노란 민들레가 봄 햇살처럼 밝게 웃고 있습니다. 마음까지 밝아지는 민들레를 만나니 절로 고개를 숙여 꽃을 들여다보게 됩니다. 혹시 서양민들레는 아닐까? 궁금해하면서 말입니다. '언제나 정다운 우리 꽃 민들레'라고 생각하지만 민들레라고 부르는 대다수가 서양에서 건너온 귀화 식물인 서양민들레입니다. 서양민들레가 이 땅을 차지한 지 오래이니 민들레를 만날 때마다 그 출신을 따져 보는 버릇이 생겼습니다. 서양민들레는 꽃들이 모인 '총포'라는 부분이 뒤로 젖혀진 특징이 있는데 토종민들레인 '민들레'와 '산민들레'는 그렇지 않답니다. 이외에도 서양민들레는 잎이 훨씬 깊이 갈라지고 봄 말고도 시도 때도 없이 피는 특징이 있습니다. 한쪽에서 열매 맺고 다른 한쪽에서 다른 꽃이 피며 그렇게 가을까지 이어집니다.

서양민들레는 뿌리도 깊은데 그 뿌리와 잎을 나물로 먹으면 입맛을 돋우지요. 나물을 하려고 민들레를 한번 캐어 본 사람은 뿌리가 얼마나 깊은지 알고 있을 거예요. '일편단심 민들레'란 노래가 있는데, 한자리에서 곧고 깊이 뿌리를 내려 옮겨갈 수 없는 이 모습 때문에 붙은 비유가 아닐까 합니다.

서양민들레 Asteraceae (국화과) *Taraxacum officinale* Weber

10월
향기 그윽한 가을
들국화의 향연 속으로

산과 들에서 피어날 가을의 들꽃들을 생각하면 향기부터 느껴집니다. 숲가에 흐드러진 들국화의 은은하면서도 깊이 있는 그 향기로움은 때 묻은 지상의 냄새가 아닌 천상의 것 같습니다. 하긴 가을꽃이 한창일 땐 숲에서 배어 나오는 달콤하면서도 구수한 낙엽의 냄새도 예사롭지는 않습니다. 익지도 않았는데 구수한 것도, 구수한 냄새가 개운한 것도 모두 가을 향이 아닐까 싶습니다. 그렇다고 어찌 향기뿐이겠습니까? 푸른 물이 뚝뚝 떨어질 듯한 시리도록 파란 하늘, 그 하늘을 배경 삼아 주렁주렁 달리는 붉은 감, 운 좋게 산길에서 주워 깨물어 보는 산밤의 아삭거리는 소리, 그 들쩍지근한 맛까지 오감을 자극하며 그렇게 가을꽃의 향연은 시작됩니다.

가을꽃은 온갖 꽃이 다투는 봄과 녹음이 짙푸른 여름이 다 가도록 진중하게 기다렸다가 결실의 계절에 피어납니다. 꽃을 피운 채 오래도록 남아 있다가 씨앗을 맺는 그 느긋함이 대견합니다. 소박하면서도 아름다운 색의 가을꽃은 꽃보다 더 화려한 빛깔로 물들고, 떨어지는 단풍과 낙엽에 기죽지 않아 의연하면서도 기품이 있어 참 좋습니다.

야생의 국화가 바로 '산국'입니다.

이 가을 들녘과 산자락의 주인공은 단연 들국화가 아닌가 싶습니다. 국화도 향기롭고 좋지만 야생의 들국화는 더욱 좋지요. 많은 이가 저마다 들국화를 사랑한다지만 막상 저마다 '들국화'라고 부르는 식물들을 말해 보면 모두 다른 것을 말하곤 합니다. 내 마음속 들국화는 어떤 모습인지요.

식물도감에서 들국화를 찾아보면 나오지 않는답니다. 공식적으로 들국화란 이름을 가진 식물이 없다는 이야기지요. 서로서로 알고 있는 들국화 이야기를 풀어 보면 제각각인데 만일 내가 들국화라고 부르는 것이 노란색 꽃이라면 '산국'일 터이고, 보라색 꽃이라면 '쑥부쟁이 종류'의 하나일 겁니다. 희거나 분홍빛의 꽃이 아름답다고 느꼈다면 '구절초'이고요. 사람들은 비슷한 꽃 모양을 가진 가을 산에서 피어나는 국화과 식물을 통틀어 그냥 '들국화'라고 부르곤 합니다.

생각해 보면 가을의 꽃을 사랑하노라고 하면서도 그냥 들국화로 불렀던 우리가 참 무심했던 게 아닌가 싶습니다. 사람처럼 한 송이 한 송이 따로 이름을 지어 불러 주지는 못할지언정 그 고운 이름들을 두고 그냥 들국화라니요. 식물들은 제각기 특성과 이름이 있습니다. 산에 나는 개성 있는 모습의 '산솜방망이'는 줄기에 흰 털이 있습니다. '구절초'는 9개의 마디를 가졌다는 뜻입니다. '산국'이란 산에 피는 국화이니 옛 어른들이 향긋한 국화차를 즐기셨다면 분명 산국의 꽃을 따서 만들었을 것입니다. 이 밖에도 쌉싸래하여 입맛을 돋우는 노란 '고들빼기', 향기로 승부하는 '꽃향유'와 '배초향'까지 얼마든지 있습니다.

이 가을꽃의 세계로 좀 더 들어가면 경이로움은 배가 됩니다.

들국화라 무심히 불렀던 국화과 식물들을 한번 들여다볼까요?

국화과 식물들은 아주 진화된 식물입니다. 우리가 흔히 '한 송이 국화꽃'이라고 말하는 것은 실제로 수십, 수백 개의 꽃들이 모여 있는 꽃차례입니다. 작은 꽃들이 머리 모양으로 줄기 위에 둥글게 모여 있어 '두상화서頭狀花序'라고 부릅니다. 우리가 잘 알고 있는 코스모스와 해바라기, 구절초, 쑥부쟁이, 산국, 백일홍 같은 식물들을 떠올려 보세요. 이 각각의 꽃들이 사실 꽃이 아닌 꽃들의 모임 '꽃차례'라는 겁니다.

이 국화과 꽃들이 진화되었다고 말하는 데는 이유가 있습니다. 혼자 뽐내지 않고 작은 꽃들이 모여 한번 날아든 벌이 여러 꽃의 씨앗을 맺게 효율을 높이는 것도 대견하지만 더욱 놀라운 건 분업과 협업을 하고 있다는 점입니다. 우리가 흔히 꽃잎이라고 생각했던 가장자리에 달리는 꽃들은 '혀와 같은 모양'이라고 하여 '혀꽃', 즉 '설상화舌狀花'라고 부르지요. 이 혀꽃은 화려한 색깔로 곤충을 유인하는 역할을 합니다.

실제로 꽃가루받이를 하는 중요한 꽃들은 안쪽에 있는 '통꽃', 즉 '통상화筒狀花'입니다. 중요성이 좀 떨어지는 꽃잎이나 꽃받침은 퇴화하여 흔적만 남고 결실에 필수적인 암술머리와 씨방, 꽃밥 등이 통 모양으로 튼튼하게 잘 배치되어 있습니다. 곤충은 혀꽃을 보고 찾아오지만 결실은 통꽃에서 이루어지지요. 해바라기의 씨앗이 안쪽에만 박히는 것을 떠올리면 금세 이해가 가실 것입니다.

참으로 아름답고도 놀라운 섭리를 가지고 살아가는 국화과 꽃들을 들여다보노라면, 꽃 한 송이에 작은 우주가 들어 있다는 말이 절로 실감납니다. 기특하고 신기합니다. 강의 시간에 대학생

코스모스	바위솜나물
국화	과꽃
해바라기	한라구절초

172

들을 위해 해 준 이야기가 있습니다. 혹 여자친구에게 수십 송이의 꽃다발을 선물하고 싶은데 지갑이 얄팍하다면 국화과 식물, 그것이 국화든 코스모스든 해바라기든 한 송이면 충분하다고 말입니다. 그 한 송이는 알고 보면 지혜로운 수십 수백 송이로 마음을 가득 담아 만든 가장 아름다운 조화라고요. 그리고 앞으로 작은 두 꽃송이가 서로 역할을 나누어 함께 살아가듯 그렇게 아름답게 더불어 지내자는 뜻도 전해 보라고요. 어설픈 장미 꽃다발보다 더 멋지지 않을까요?

가을에 산국이 피어나면 해 보고 싶은 것이 참 많습니다. 가을 내내 풍성한 산국을 한 아름 가져다 말려 보려고 합니다. 옛 어른들의 지혜를 살짝 빌려 와서 말린 꽃송이들을 주머니에 넣고 간직하면 향낭이 됩니다. 향수보다 은은하고 기품 있게 배어 나오는 산국의 향을 생각하니 흐뭇해집니다. 술에 꽃을 담가 국화주를 만들어 봅니다. 유난히 힘들고 외로울 때 그윽한 국화 향이 배어 나오는 국화주 한 잔이면 마음을 많이 풀어 낼 수 있지 않을까요? 겨울이 오면 꽃을 말려 두거나 설탕에 재어 두었다가 국화차를 마셔 보려 합니다. 좋은 계절이 빨리 가 버려 못내 아쉬운 마음을 달래고 추위에 얼었던 몸도 함께 따뜻하게 해 줄 것 같아요. 깊은 잠을 못 이룰 때는 베갯잇 속에 넣어 보기도 하고, 멀리 있는 그리운 이에게 보내는 편지 갈피 속에도 넣어 보내려고요. 그렇게 이 가을의 향기로움을 오래오래 간직하고 싶습니다.

살랑대는 가을바람을 따라 오감을 열어 보세요. 그윽하게 퍼져 나가는 향기 속에서 가을꽃이 전하는 감동을 느낄 수 있다면 우리는 그만큼 행복한 사람입니다.

은은한 향기로 가을을 맞이하는
구절초

'구절초'란 이름은 약 이름으로 쓰던 것을 그대로 부르게 된 경우입니다. 요즈음 우리는 꽃을 보려고 구절초를 키우지만 예전엔 약으로 더 긴요했나 봅니다. 약으로 쓰려면 가을에 채 꽃이 피지 않은 식물을 잘라 햇볕에 말리는데 5월 단오가 되면 마디가 다섯이 되고 9월 9일이면 마디가 아홉, 즉 구절이 되며 이때 잘라 모아 쓴다고 하여 붙여진 이름입니다. 흰 꽃의 모습이 신선보다 깨끗하고 아름다워 '선모초仙母草'라고도 합니다.

요즘에도 이 구절초를 제대로 즐기는 분들이 많은데 산사 주변 가득히 구절초를 심어 두고 운치 있는 가을을 맞이합니다. 조용한 산사로 가는 길목에 나무 사이로 가득히, 그러나 은은하게 핀 구절초 무리의 향기로움을 상상해 보세요. 또 밤의 행복도 있습니다. 더러는 말린 꽃잎들을 베개 속에 넣어 잠을 청하면 깊은 잠을 자고 맑은 정신으로 깨어난다고 합니다. 원 없이 구절초를 보고 싶다면 정읍 옥정호로 구절초 여행을 떠나 보시는 것도 좋겠습니다.

구절초는 사는 곳마다 조금씩 모양을 달리합니다. 한라산에 살아 옴팡지고 단단하며 고운 '한라구절초', 조금 높은 곳에 살아 잎이 조금 갈라진 '산구절초', 잎이 더 갈라져 한탄강가에 사는 '포천구절초'까지 그렇게 향기롭게 가을이 깊어갑니다.

구절초 Asteraceae (국화과) *Dendranthema zawadskii* (Herbich) Tzvelev var. leiophyllum (Nakai) M.Kim

부드럽고 고운 때깔이 우리를 반기는
갯쑥부쟁이

모든 풀이 꽃을 피우고 지고, 열매를 맺고 그마저 멀리 날려 보내 마른 줄기를 드러내는 이즈음, 아직 고운 때깔 그대로 우리를 반겨 주는 꽃 쑥부쟁이가 있습니다. 이 땅에는 저마다 조금씩 개성을 달리하지만 그만그만한 쑥부쟁이 집안 식구가 여럿 있는데, 그냥 '쑥부쟁이'라고 부릅니다. 그런데 학자들은 우리가 보는 대부분을 '갯쑥부쟁이'라고 해야 옳다고 이야기합니다. 바닷가에 살지 않아도 말입니다. 쑥부쟁이 집안 식구들을 제대로 식별하는 까다로운 일일랑 이 가을엔 생략할까 합니다.

쑥부쟁이나 갯쑥부쟁이나 모두 국화과에 속하는데 쑥부쟁이는 여러해살이풀이고 갯쑥부쟁이는 두해살이풀입니다. 땅속줄기가 옆으로 뻗어 가며 키워 낸 튼실한 줄기는 때론 주체할 수 없이 풍성한 포기를 만들어 살아갑니다. '쑥부쟁이'라는 특별한 이름은 '쑥을 캐러 다니는 불쟁이(대장장이)딸'에서 유래된 이름인데 전설도 하나 얽혀 있습니다. 이 이름 외에도 '산백국', '소설화小雪花', '야백국'이라고도 불렀습니다.

서늘한 가을바람에 섞여 든 이 쑥부쟁이 집안의 은은한 향기와 빛깔로 가슴이 시려 온다면, 제대로 가을을 보내고 있는 것입니다.

갯쑥부쟁이 Asteraceae (국화과) *Aster hispidus* Thunb.

구름을 이고 지고 천지를 바라보며
구름국화

자기 자신과 꼭 어울리는 이름을 가졌습니다. 구름이 곧 닿을 듯한, 우리나라에서 가장 높은 산의 가장 높은 곳에서 사는 국화과 식물이니 말입니다. 살고 있는 곳은 백두산 꼭대기 고산 초원지대이며 국화과 식물이긴 한데 산국이나 구절초와는 조금 다른 집안, 오히려 흰 꽃이 피는 개망초와 같은 집안 식물입니다. 그러고 보면 가장자리에 달리는 설상화가 실처럼 가는 특징이 같습니다.

개망초는 한집안 식물임에도 이 땅에 지천으로 피어 친근하고 요긴한 면이 있는데 타국에서 들어와 우리 꽃들이 자랄 자리를 차지한다 하여 괜한 미움을 받고 있지요.

반면, 구름국화는 자라는 곳을 가리니 실제로 이 땅에서는 볼 수조차 없고 중국으로 건너가 백두산, 그것도 가장 높은 곳에 가야 만날 수 있는 꽃임에도 존귀한 대접을 받는 것을 보면 식물들에게도 팔자가 있는지도 모르겠습니다. 식물에 대한 선입견을 버리며 살고자 하는 저 자신도 민족의 영산 백두산에 올라 넘실거리는 천지를 바라보던 그곳의 구름국화를 결코 잊을 수 없으니 말입니다. 다시 만날 그날을 고대해 봅니다.

구름국화에게는 '구름금잔화', '산망초'와 같은 별명이 있습니다. 참고로 요즈음 꽃가게에서 구름국화라 팔고 있는 꽃은 진짜 구름국화는 아니랍니다.

구름국화 Asteraceae (국화과) *Erigeron alpicola* (Makino) Makino

눈, 입, 건강까지 모든 것을 즐겁게 해 주는
왕고들빼기

왕고들빼기만 보면 행복한 생각이 듭니다. 흔한 듯싶고, 평범한 듯싶지만 알아 두면 눈으로 보기에 즐거울 뿐 아니라, 맛있게 먹을 수 있어 입도 즐겁고, 몸의 건강도 챙길 수 있는 그런 풀입니다. 고들빼기치고 아주 키가 커서 이름도 '왕고들빼기'인데, 깊은 산이 아니라 숲 가장자리나 사람들과 그리 멀지 않은 이곳저곳에 자라며 꽃을 피우지요. 게다가 이 땅에 자라는 야생의 식물이지만 마당 한편에 몇 포기 심어 놓으면 잘도 자라서, 밭의 상추처럼 항상 보고 즐기며 지속적으로 잎을 먹을 수 있습니다. 꽃은 10월이 한창이지만 잎은 봄부터 여름에도 계속 올라오니 잎과 만나느라 정작 이 고운 꽃들을 소홀히 할까 걱정입니다.

왕고들빼기는 국화과에 속하는 한두해살이풀인데 참취나 곰취처럼 유명하진 않아도 까다롭지 않으니 더 요긴한 식물일 수 있습니다. 줄기가 올라오면 가장자리에 결각이 아주 심하고 길이가 한 뼘이 넘는 길쭉한 잎들이 많이 달립니다. 연하고 깨끗한 그 잎사귀 몇 장을 따서, 고추장에 참기름 넣고 싹싹 비벼 먹으면 쌉싸름하면서도 향긋한 맛이 참으로 별미이지요. 또 김치를 담가 먹기도 하고요. 이 계절 꽃의 아름다운 매력을 찾아내는 일은 여러분 몫입니다. 아마 실망하지 않을 거예요.

왕고들빼기 Asteraceae (국화과) *Lactuca indica* L.

이름만 들어도 기분 좋은 꽃

꽃향유

'꽃향유'라는 이름에는 사람들이 식물에게 기대하는 큰 요소들이 모두 담겨 있습니다. 아름답다는 점과 향기롭다는 점, 그리고 말 그대로 향기로운 기름, 즉 향유를 추출할 수 있는 유용함까지 말입니다. 이 꽃향유는 그 아름다움과 향기로움에서 조금 특별합니다. 하나하나를 들여다보면 아주 작아 잎술 모양으로 갈라진 꽃잎들이 귀엽기도 하지만, 그래도 작은 꽃들이 모여 강렬한 아름다움을 주는 보랏빛 꽃차례를 만들었지요. 또 향기라 하면 꽃향기를 생각하지만 잎 뒷면에 분비선이 있고 이곳에서 그 그윽한 향기가 난다는 점도 그러합니다.

꽃향유는 꿀풀과에 속하는 여러해살이풀로 가을 산에 가면 볕이 잘 드는 가장자리쯤에서 무리를 쉽게 찾아볼 수 있습니다. 이름만 들어도 기분 좋은 꽃향유를 만나고 싶다면 지금 당장 떠나보세요. 강원도나 경기도 북쪽을 다니다 보면 눈을 뗄 수 없을 만큼 멋진 꽃향유 군락이 곳곳에 나타납니다. 이 가을 꽃향유 구경을 놓치셨다고요? 아직 늦지 않았습니다. 제주 원물오름을 비롯한 곳곳에서 키 작은 꽃향유가 부드러운 오름의 경사를 따라 군락으로 펼쳐진 장관을 만날 수 있습니다. 이를 따로 '한라꽃향유'라 하기도 하고, 키 작고 털 많은 특징은 기후 환경 탓이니 꽃향유의 지역 변이라고도 하지만 마지막 가을의 멋진 풍광임에는 틀림없습니다.

꽃향유 Lamiaceae (꿀풀과) *Elsholtzia splendens* Nakai

나비를 부르는 전통 허브

배초향

아주 오래된 기억입니다. 지금과 달리 중국과 교류가 없어 낯설
기만 하던 시절, 어렵사리 홍콩을 거쳐 돌고 돌아 처음 백두산을
갔을 때 일입니다. 먼지 나는 길을 오랫동안 차로 달리다가 두만
강 물줄기의 어딘가에서 잠시 쉬었습니다. 서너 사람이 모여 냄새
만으로도 식욕을 자극하는 매운 생선 찌개를 끓이고 있었는데 들
여다보니 배초향 잎을 넣더군요. 호기심이 발동하여 말을 건네니
경상도가 고향이라는 동포였습니다. 고향을 떠난 지가 사뭇 오래
되어 세대가 바뀌었는데도 배초향을 '방아잎'이란 이름으로 챙겨
넣고 있었지요. 한민족이란 것에 명치끝이 아릿했던 기억입니다.
그 배초향이 막바지 꽃을 피워 내고 있습니다.

일명 '방아잎'으로 더 유명한 배초향은 우리나라 전통 허브입
니다. 식물 전체에서 향이 나고 음식에 넣어 먹으니까요. 잘 말
려 두었다가 차로 마셔 보세요. 멋진 허브차가 되어 겨우내 향기
롭고 따뜻하게 즐길 수 있습니다. 마당이 있다면 한쪽에 배초향
을 심어 보시기를 권합니다. 긴요한 향신채가 아니더라도, 꽃향
유를 닮았지만 더 크고 풍성한 포기를 만들며 수수하면서도 아
름다운 연한 보라색 꽃들을 피워 냅니다. 그리고 무엇보다도 나
비도 부를 수 있습니다.

배초향 Labiatae (꿀풀과) *Agastache rugosa* (Fisch. & Mey.) Kuntze

제주도 억새밭에 보석같이 숨어 사는
야고

초록이 없는 식물입니다. 초록이 없다는 사실은 엽록소가 없다는 것이고 엽록소가 없으면 양분을 만들 수 없으니 이러한 식물들은 당연히 기생식물입니다. 생각해 보면 기생식물은 얄밉기 그지없습니다. 남들이 만들어 놓은 것을 취해서 싹을 틔우고 꽃을 피워 번성하고 있으니 말입니다. 그래도 제주도 억새밭에 자라는 야고를 보면 그런 마음이 싹 가십니다. 통 모양의 분홍색 꽃들이 볏짚색 줄기와 꽃받침에 싸여 피어나는 모습은 정말 개성 넘치면서도 아름답습니다.

사람의 마음이란 참 간사하여 심정적으로는 양분을 빼앗기는 억새의 억울함에 마음이 가면서도 억새밭 사이에 숨어 있는, 좀처럼 보기 힘든 야고의 무리를 만나면 그렇게 반갑고 귀하고 예쁠 수가 없으니까요. 사람이나 식물이나 흔하지 않은 귀한 존재이고 볼 일입니다.

야고는 열당과에 속하는 한해살이풀입니다. 기주 식물은 당연히 억새이고요. 기주가 벼과 식물로 기록된 문헌도 있는데 우리나라에서는 아직 그 이외에 기생하는 사례를 보지 못했고, 또 그 자생지가 제주도뿐이랍니다. 종종 옮겨 심은 억새를 따라온 육지의 야고도 있긴 합니다. 가을 제주도의 억새밭을 찾았다면 출렁이는 억새만 볼 것이 아니라 그 속에 보석같이 박힌 야고도 찾아보세요.

야고 Orobanchaceae (열당과) *Aeginetia indica* L.

11월
억새는 지고 꽃들은 열매로
의미를 찾는 계절

 어느덧 가을은 저만치 달음질칩니다. 정말 우리가 '문명'이라고
향유하는 삶이 절대적인 자연의 규칙을 흔들고 있는 건 아닌지 모
르겠습니다. 계절이 오고 가며 피고 지는 풀과 나무들, 늘상 스
쳐 가던 그 자연의 풍광들이 조금씩 조금씩 다른 모습으로 다가와
당황스러울 때가 많습니다. 우리는 정말 자연에게 무슨 짓을 하고
있는 걸까요? 조금씩 드러나는 기후 변화의 저 깊은 곳에 어떤 큰
변화가 일어나고 있는 걸까요? 땅속에 씨앗을 묻고 눈을 잠재우
며, 긴 겨울을 앞에 둔 지금 저는 그 섬세한 변화들을 감지하며 문
득 불안해집니다.
 단풍 빛으로 절정을 이루던 가을은 이제 억새의 무리에게 그 풍
광의 주인 자리를 내주었습니다. 신불산이나 화왕산, 혹은 명성산
같은 그야말로 명성 있는 산에 끝없이 펼쳐지는 억새 군락이 아니
더라도 억새는 지천에서 피고 집니다. 흔히 사람들은 이즈음 허연
머리채를 바람 따라 흩날리는 억새들을 바라보며 억새 꽃이 한창
피었다고들 합니다. 하지만 이때 우리가 만나는 하얀 모습은 꽃이
진 것이니 사람들에게는 억새의 계절이지만 막상 억새에게는 지
나간 계절입니다.

억새의 꽃은 이미 한두 달 전에 피어 버렸습니다. 곤충을 부르는 충매화蟲媒花는 아니므로 화려하게 눈길을 끄는 꽃잎은 볼 수 없지만, 마치 벼꽃처럼 줄기 끝에서 여러 갈래로 갈라지고 그 끝대에는 아주 작은 꽃들이 수없이 매달리며 때론 아주 작은 수술들을 건들건들 바깥으로 내밀기도 하지요. 이때 꽃 빛은 종류에 따라 다소 자줏빛(억새)이 돌기도 하고, 금빛(금억새)이 돌기도 하며, 그저 그런 갈색빛(참억새)이기도 합니다.

인연이 닿아 꽃가루받이가 성공적으로 끝나고 나면 이내 씨앗이 여뭅니다. 몸을 가볍게 한 작은 씨앗들은 바람의 힘을 빌려 좀더 너른 세상으로 날아가려고 밑부분에 털을 가득 매다는데, 그것이 바로 이즈음 우리가 만나는 떠날 준비를 하고 있는 억새들의 모습입니다.

흔히들 억새를 두고 바람에 날리는 '갈대'와 혼동하곤 했습니다. 하지만 갈대는 낙동강 하구 같은 물가에 사는 식물이니 메마른 능선에 끝없이 이어져 우리가 산에 오르면 볼 수 있는 건 갈대가 아닌 억새입니다. 물가에서 자라는, 씨앗 밑에 달린 털들이 훨씬 길어 더 희고 풍성하게 보이는 '물억새'도 있긴 합니다.

그러고 보면 식물 이름에 '새' 자가 들어간 경우가 많은데, 대부분 벼과 식물입니다. '억새', '기름새', '쌀새', '솔새' 중에서도 억새는 가장 질긴 생명력을 자랑합니다. 줄기는 아무리 잘라도 끊어지지 않을 만큼 질기고, 잎은 날카로운 가시가 촘촘하여 손을 벨만큼 억센 새여서 '억새'라고 한 건 아닐까요?

이즈음을 의미 있게 보내는 풀들은 억새뿐이 아닙니다. 다가올 모진 추위를 준비해야 하는 긴장의 시간인 동시에 한 해의 성장을

며느리배꼽은 가시로 까끌한 잎새를 가지며 잎 가운데, 즉 배꼽 위치에 줄기가 달립니다.

마감하고 후손을 남겨 번성할 충실한 씨앗을 맺으며, 또 이를 멀리멀리 안전하게 보내기 위한 가장 의미 있는 순간이기도 하니까요. 생각해 보면 이 순간을 위해 지난봄, 싹을 틔워 올려 보내고 키를 키운 잎을 펼쳐 양분을 만들며 꽃을 피워 곤충을 부르던 그 숱한 노고들이 존재한 것이니까요.

꽃을 거쳐서 열매로 익어가는 식물들은 종의 무궁한 번성을 위해 씨앗을 퍼트립니다. 씨앗은 곧 그 식물의 미래가 될 것이기에 식물들은 이 씨앗을 좀 더 멀리 보내려고 갖가지 전략을 쓰지요. '민들레'도 억새와 같은 전략입니다. 민들레의 씨앗은 바람을 따라 100리를 이동할 수 있다고 합니다. 쓸데없는 무게를 줄이고 스스로를 작고 가볍게 한 씨앗은 자신을 바람에 얹음으로써 비로소 그 먼 거리를 갈 수 있는 지혜를 발휘하지요. 법정 스님은 무소유를 말씀하셔서 많은 이의 마음을 움직이셨는데, 이 작고 연약한 민들레는 이미 삶 자체를 그리 실천하는 듯합니다.

'도깨비바늘'이나 '진득찰' 같은 식물들은 씨앗을 사람이나 동물의 몸에 붙여 이동할 수 있습니다. 씨앗에는 갈고리나 끈끈이가 있어 다른 데에 잘 붙습니다. 스스로는 변하지 않고 세상이 자신을 알아 주기만 기다리며 세상 탓을 한다면 실패하기 쉽겠지요. 기회를 얻고자 한다면 스스로 변하고 적응해야 한다고 이 작은 풀들이 말하는 듯합니다.

여름 물가를 아름답게 했던 '물봉선'이나 높은 산꼭대기에서 곱게 피었던 '쥐손이풀'의 열매들도 비약을 기다립니다. 손대면 톡 터지는 탄성을 이용하여 많이는 아니어도 형제들과의 경쟁을 피할 만큼 먼 곳으로 씨앗을 이동시킵니다. 씨앗을 날려 보내고 남은 열매의 껍질이 돌돌 말려 달려 있는 모습도 사실 꽃처럼 예쁘고 재미나지요. 무엇이 이 귀여운 열매들의 씨앗을 톡 터트려 날려 보낼까요? 겨울을 부르는 가을바람일까요? 아니면 무심히 스쳐간 우리네 발길일까요? 숲에 내딛는 저의 발길이 의도하지 않게 그 어떤 것을 밟아 해를 주진 않았나 노심초사하였는데, 어쩌면 꽃들의 노고의 산물인 씨앗이 마지막 여행을 할 수 있게 도움을 주었을지도 모르겠습니다.

영리한 '깽깽이풀'이나 '애기똥풀'의 씨앗은 개미의 도움을 받기도 합니다. 씨앗의 껍질에 개미가 좋아하는 달고 영양가 있는 물질을 묻혀 놓으면 부지런한 개미는 열심히 집이 있는 근처로 이 씨앗들을 운반한답니다. 이듬해 봄이면 개미가 떨어뜨린 씨앗에서 새싹이 올라와 줄지어 꽃이 핀 모습을 만날 때도 있습니다. 개미가 지나갔던 그 길 대로 만들어진 꽃밭에 꽃이 한창입니다.

씨앗을 만들고 보내는 일은 매우 많은 에너지를 써야 하는 힘든 일이지만, 씨앗을 통해 미래와 이어지는 것이니 스스로의 힘으로 살아가는 야생의 꽃들이 할 수 있는 가장 보람된 일일 것입니다. 사람들이 꽃만을 보기 위해 화려하게 만든 원예종들은 씨앗을 맺지 못하는 경우가 많습니다. '백합'이나 '팬지' 같은 식물들을 상상해 보면 금세 이해가 갈 것입니다. 때가 되어도 스스로 준비하지 못하고 사람의 손이 아니면 내일을 기약할 수 없는 이 꽃들은 어쩌면 한때 화려한 모습으로 조명을 받았지만 가장 쓸쓸하게 지고 있는지도 모르겠습니다.

가을 들판에 나가면 들리는 억새가 바람을 타며 사각거리는 가을의 소리는 누군가에게는 무척이나 쓸쓸하게 느껴지기도 합니다. 하지만 석양빛을 받아 빛나는, 생명력 질긴 억새 군락을 바라보면서 부지런히 살아가는 가지가지 식물들이 열매와 씨앗에 들인 노력을 들여다보면서 우리 마음속에도 미래와 희망을 심어 보는 것도 좋겠습니다.

화려한 꽃잎은 없어도 바람결 따라 아름다운
갈대

　갈대숲을 생각하면 을숙도가 떠오릅니다. 아주 오래전 풋풋한 대학생이던 시절, 새를 찾아다니는 동아리에 있었습니다. 매년 겨울에 찾아가 탐조 활동을 하던 을숙도는 갈대가 지천이었지요. 강과 바다가 만나는 섬 아닌 섬에서 찬바람 맞으며 새들을 찾아내고 기록하였습니다. 아직도 생생합니다. 그때 갈대숲 사이에서 망원경으로 엿보던 철새들의 아름다운 비상이요. 가끔 자유롭게 날아다니는 새를 공부하는 대신 뿌리를 내리며 살아가는 식물을 공부한 것은 왜일까 생각하곤 하는데, 엉뚱하게도 새의 주름진 다리와 날카로운 발톱 모양이 마음에 걸려 이를 극복하고 평생 무조건 사랑할 자신이 없었기 때문인 듯싶습니다. 그러나 결국은 새도 풀과 나무와 더불어 살아가는 자연의 공동체이며, 그때 알던 새의 모습과 소리가 지금 숲에서 만나는 식물과의 시간을 더욱 풍부하게 해 줍니다.

　갈대는 벼과에 속하는 여러해살이풀입니다. 늦여름에 꽃이 피기 시작하여 그 자리에서 그대로 열매가 익어 겨우내 갑니다. 화려한 꽃잎을 가지지 못한 수수한 꽃들이다 보니 누구 하나 갈대에 꽃이 피었는지 열매로 익어 가는지 눈여겨보아 주는 이가 드물지만, 그래도 어김없이 물가에서 그렇게 갈대는 자라고 있습니다.

갈대 Poaceae (벼과) *Phragmites communis* Trin.

화려한 열매 속에 위험한 독을 숨긴
큰천남성

천남성 집안은 워낙 개성이 넘칩니다. 녹색의 포로 이루어진, 누구도 닮지 않은 파격적인 식물의 모습, 포 속에 달리는 작은 꽃들은 영양 상태에 따라 수꽃과 암꽃의 상황이 바뀌어 성전환이 이루어진다는 점, 꽃보다 더 화려하고 강력한 붉은 열매로 익어 가지만 그 열매에는 치명적인 독성이 있어 한때 사약으로 쓰일 정도였다는 점 등등…. 수없이 많습니다.

그 가운데서 큰천남성은 더욱 독특합니다. 우선 사는 곳이 다른 천남성 종류와는 달라요. 주로 서해나 남쪽의 섬, 바닷가 숲에 가면 자주 만날 수 있는데, 처음 보게 되면 절로 이름이 궁금할 만큼 강렬한 모습입니다. 반질거리는 3장의 작은 잎이 모여 달리며 포기 양쪽에서 올라오고, 그 사이에서 꽃대가 올라옵니다. 모습과 색깔이 꽃에 대한 선입견에서 완전히 벗어나게 하는, 녹색과 검은색이 어우러진 멋진 꽃을 만날 수 있지요.

포의 통으로 이루어진 부분은 현대적 느낌의 흰색과 녹색 줄무늬가 있고 둥글게 말리며, 안쪽은 마치 검은 귀마개를 한 듯한 모습입니다. 열매도 다른 천남성의 열매보다 더욱 크고 화려합니다. 노란색과 주홍색이 섞여 익어 가다가 결국은 밝은 빨간색이 되어 잎이 다 지도록 남아 견딥니다. 새빨간 열매가 유혹한다고 해서 손대지는 마세요. 목숨을 위협하는 무서운 독을 담고 있으니까요.

큰천남성 Araceae (천남성과) *Arisaema ringens* (Thunb.) Schott

석양을 받으며 반짝반짝 빛나는
수크령

　한 해로 치면 끝으로 더 가까이 가고 있는 가을, 하루로 치면 해가 기울어 마지막 햇살을 비추는 석양 무렵에 더 아름다운 식물이 있습니다. 스산하기도 서늘하기도 하지만 더욱 그윽하고 정신은 오히려 맑아지고 차분해지는 이즈음, 계절과 시간에 꼭 맞는 풀이 수크령이지요. 한강 둔치나 천변을 따라 만들어진 산책길, 혹은 모처럼 가을을 만나러 떠난 산행의 하산 길, 시골 마을 가장자리 정자에 잠시 몸을 쉬며 농주로 피로를 풀 즈음 이 풀을 만나게 되는데, 석양을 받으면 반짝반짝 생기가 돌아 누구나 한 번쯤 인상 깊게 보았을 풀입니다.

　'수크령'이라는 이름은 '남자 그령'이란 뜻입니다. 암그령에 해당하는 그냥 '그령'이라는 식물이 있는데, 이 그령처럼 길가에 많지만 훨씬 억세고 이삭의 모양이나 느낌이 남성스러운 데다가 암꽃과 수꽃이 있지 않아서 '수그령'에서 '수크령'이 되었다고 합니다. 꽃잎 하나 없는 수크령의 꽃들은 여름에 연한 분록황색으로 꽃차례를 만들기 시작하여, 여름이 끝날 즈음 자줏빛으로 꽃이 피어나고, 연갈색 열매로 있다가 희게 부푼 씨앗을 날리고는 그대로 말라서 겨울을 보냅니다. 꼿꼿한 자태만큼은 흐트러지지 않은 채, 비추는 햇살에 따라 불어오는 바람에 따라 시시각각 수없이 다른 풍광을 만들며 제 마음에 남았습니다.

수크령 Poaceae (벼과) *Pennisetum alopecuroides* (L.) Spreng.

바람을 따라 눈부시게 비상하는
박주가리

여기저기 덩굴을 올려 기대고 타고 감고 자라다가 한여름에 꽃을 피워 열심히 살아가는 박주가리도 가을의 마지막 비상을 앞두고 있습니다. 꽃은 분홍색도 보라색도 아닌 은은하면서도 개성 넘치는 빛깔이 좋았고, 꽃송이 하나도 종 모양 꽃 끝이 5갈래로 갈라지면서 뒤로 말리듯 젖혀져 귀여우며, 꽃잎 안에는 털이 가득하여 아무도 흉내 낼 수 없을 만큼 멋지기도 하였지만, 이제 계절이 가고 난 후 그 모습을 드러낼 열매는 더욱 개성이 넘칩니다. 추 같기도 하고 표주박을 닮기도 한 열매는 그 표면이 도톨도톨하고 익으면 벌어집니다. 열매 속에 고운 솜털이 가득 들어 있어 씨앗을 달고 두둥실 세상으로 나온답니다.

박주가리는 어린순은 나물로, 잎과 열매는 해독제로 쓰기도 했지만 무엇보다 열매 속에 가득한 솜털을 도장밥이나 바늘겨레의 속으로 이용했다는 쓰임새가 재미납니다. 세월이 변하고 물자는 흔하여 이런 것을 만들려고 박주가리 열매가 익기를 기다리는 일은 없어졌습니다. 하지만 열매가 익어 솜털이 터져 나갈 즈음을 기다려 눈여겨보면, 바람을 따라 날아가는 비단실처럼 가늘고 아름다운 솜털이 가을 햇살을 받아 반짝이며 눈부시게 비상하는 모습을 마음에 담을 수 있습니다. 가장 아름다운 씨앗의 비상 중 하나입니다.

박주가리 Apocynaceae (협죽도과) *Metaplexis japonica* (Thunb.) Makino

작디작은 꽃으로 오랜 세월 살아온
잔디

지천인 게 잔디이긴 합니다만 잔디와 함께 떠나는 들꽃 산책이라니 좀 이상하긴 합니다. 잔디는 언제나 줄기를 옆으로 뻗어 내며 잎만 만드는 그런 풀인 줄 알았지 꽃이 핀다는 생각은 해 본 적이 없으니까요. 하지만 잔디에도 꽃이 핍니다. 벼과에 속하는 식물이다 보니 우리가 흔히 알고 있는 꽃잎과 꽃받침 같은 꽃을 이루는 구성 요소가 '호영', '내영'이라 부르는 다른 모습을 하고 있습니다.

푸르기만 한 잔디밭에 얼굴을 묻고 가만히 들여다보면 그 사이로 삐죽삐죽 꽃줄기가 올라와 손가락 한 마디 정도의 가늘고 길쭉한 꽃차례를 만들어 냅니다. 꽃이 활짝 핀 순간에는 그 꽃차례 사이사이가 벌어지면서 아주 연한 노란색의 꼬물꼬물한 작은 실 같은 것이 나오는데, 그것이 바로 수술입니다. 우리 눈에 잘 보이지 않는다고 무시하진 마세요. 그 속에 수술과 암술이 존재하고 이내 결실하여 깨알 같은 씨앗을 만들며 오랜 세월을 살아왔으니까요.

요즈음은 잔디밭에 따라 색깔이나 질감이 다르고, 서양에서 들여오거나 교잡육종하여 개발한 잔디도 많아 심을 수 있는 종류가 여럿입니다. 하지만 겨울나기나 관리 등을 고려하면 우리 산에서 나는 우리의 잔디가 쓰면 쓸수록 가장 강건하고 좋답니다.

잔디 Poaceae (벼과) *Zoysia japonica* Steud.

약재로 쓰고 음식으로 즐기는
비짜루

식물을 공부하면서 알고 보니 우리가 어렸을 적 비짜루로 부르던 식물은 '댑싸리'였습니다. 대문 옆이나 공터에서 둥그런 모양을 만들며 허리쯤 높이까지 자라는 연한 잎을 가진 풀 말입니다. 진짜 '비짜루'라는 식물은 따로 있는데, 숲속에서 드물게 만나집니다. 비짜루는 잎이 아주 가늘게 갈라져 있어 금세 알아볼 수 있습니다. 꽃도 피어 조랑조랑 달리지만 너무 작아서 눈에 잘 들어오지 않는데, 열매가 익으면 점점 커지고 붉은 구슬처럼 동그랗게 익어가니 이 순간 비짜루를 가장 쉽게 발견할 수 있습니다.

비짜루는 뿌리를 약으로 씁니다. 같은 집안 식물인 천문동과 함께 사용하면 요긴한 약재가 되지요. 비짜루 집안을 말하는 학명은 아스파라거스*Asparagus*입니다. 많이 들어 보셨다고요? 요즈음 우리나라에서도 많이 재배하고 이용하는 아스파라거스는 비짜루 집안 식물의 새순으로, 서양에서 아주 즐겨 왔던 음식 재료입니다. 말하자면 '서양비짜루'인 셈이지요. 또 기억나는 아스파라거스가 하나 더 있는데, 어버이날 카네이션 뒤에 꽂아 배경으로 사용하는 잘게 갈라지고 얇게 펼쳐진 잎도 아스파라거스라 불렀습니다. 비짜루와 같은 아스파라거스 집안 식물이면서 뿌리, 잎, 새순을 다른 용도로 사용하여 다르게 기억하는 비짜루와 한집안 가족입니다.

비짜루 Liliaceae (백합과) *Asparagus schoberioides* Kunth

어린 시절의 친근한 추억
띠

식물 보러 들판에 나가 종일 돌아다니면 어느새 해가 기웁니다. 한결 깊어진 석양빛을 받으며 야트막한 둔덕 너머로 바람 따라 이고 지는 띠의 모습은 마음을 흔드는 장관입니다. 이미 꽃이 피고 익어 하얀 솜털이 부풀어 오른 띠. 한참을 그 무리 속에서 바라보노라면 가슴은 서늘하게 물들어 가면서 오래도록 편안해지지요.

띠는 벼과에 속하는 여러해살이풀입니다. 이름도 모양도 독특하지요. 사람들에게는 '삐비', '삘기'로 더 알려졌습니다. 어린 시절을 농촌에서 보낸 분들은 띠의 흰 꽃이 올라오면 이를 뽑아 먹던 추억이 있을 겁니다. 조금씩 단맛이 돌고 씹으면 씹을수록 껌을 씹듯 쫀득해져 별다른 먹을 것도 장난감도 없이 마냥 들판을 쏘다니던 아이들에게는 좋은 먹거리며 재밌거리였지요.

세월이 변하여 이젠 그 친근하던 띠도 변하였습니다. 지천이던 띠는 조금은 한적하고 깨끗한 곳으로 나가야 그 무리를 만날 수 있습니다. 너무 단것이 많아 걱정인 요즘엔 달짝지근하여 씹던 띠에 손길이 가지 않지만, 이젠 그 무리를 보는 일만으로도 추억을 떠올리고, 자연의 아름다운 풍광을 느끼게 하는 그런 풀이 되었습니다.

띠 Poaceae (벼과) *Imperata cylindrica* var. *koenigii* (Retz.) Pilg.

12, 1, 2월
겨울을 견디며
그 속에 숨겨진 새봄의 희망을 보다

 겨울은 식물에게 있어서 참으로 힘든 계절입니다. 그냥 막연히 추워서 힘든 것이 아니라, 양분을 운반하며 근본적으로는 식물체를 구성하는 물이 얼어 버리기 때문에 이렇게 기온이 내려가는 곳에서 그냥은 식물이 살 수 없는 것이지요.

 우리나라와 같은 온대 지방에서는 겨울을 견뎌내는 모습에 따라 나무와 풀이 나뉠 수도 있습니다. 목질, 즉 나무 성분이 줄기며 가지에 있는 것을 '나무'라고 한다면, 나무들은 목질부가 있어 겨울이 와서 꽃 지고 잎 져도 땅 위에 줄기를 내어 놓고 견딜 수 있는 것입니다.

 강하고 질긴 목질이 없는 연한 풀은 땅속에서 겨울을 납니다. 흔히 풀들을 한해살이풀, 두해살이풀, 여러해살이풀로 나누는데, 이 구분을 하는 데는 겨울과 관계가 있습니다. 한해살이풀은 싹이 터서 꽃이 피고 열매를 맺고 씨앗을 땅속에 남기고는 지상에서 사라집니다. 그래서 단단한 껍질이 싸여 있는 씨앗의 모습으로 얼지 않은 따뜻한 땅속이나 그 어떤 곳에서 겨울을 나지요. 자연에서 절로 살아가는 자생 식물 가운데는 생각보다 한해살이풀이 흔치 않은데, 가장 대표적이고 인상적인 것이 수생식물인 '가시연꽃'

희어 순결하고 많이 풍성했던 여름의 흔적이
어수리의 열매자루 끝에 그대로 남아 있습니다.

입니다. 잘 알고 있는 '봉숭아'나 '나팔꽃', 그리고 대부분의 농작물 중에는 한해살이풀이 많습니다.

여러해살이풀은 겨울이 되어 땅 위에 있는 부분은 모두 말라 죽지만 땅속에 뿌리가 살아 있습니다. 그리고 뿌리에 있는 줄기의 눈에서 봄에 새로운 싹이 올라옵니다. 우리가 알고 있는 대부분의 들꽃이 여러해살이풀이라고 생각하면 대개 맞습니다.

바닷가에 가면 간혹 풀임에도 불구하고 겨울에도 말라 죽지 않고 살며 꽃을 피우는 식물들도 볼 수 있습니다. 혹시 운이 좋다면 겨울 바다에 갔다가 살아 있는 때늦은 보랏빛 국화과 식물을 볼 수 있는데, 바로 '바닷가의 국화'라는 뜻을 가진 '해국'입니다. 가을에 피었던 해국의 꽃은 매섭지 않은 해양성 기후의 바닷가에서 겨울을 견디면서 살아남아 있는 것이지요. 재미난 것은 이렇게 겨울을 참아 낸 해국의 줄기를 보면 나무처럼 단단하지는 않아도 어느새 조금씩 목질화되어 간다는 점입니다. 그러니 나무도 아니고 풀도 아닌 애매한 형태가 되는 것이지요.

남쪽에는 겨울에도 잎이 지지 않는 상록성의 풀들을 흔히 볼 수 있습니다. 남쪽 지방은 아주 춥지 않아서 이 풀들도 두껍고 지방질이 많은 잎으로 견뎌 내지만 그렇다고 구태여 어렵고 위험하게 꽃을 피우지는 않습니다. 생각해 보면 어렵게 꽃을 피워도 찾아올 곤충들이 활동하지 않는 걸요.

겨울에 꽃을 피운다는 지극히 향기가 좋은 '수선화'는 겨울꽃이라기보다는 아주아주 이른 봄꽃이라고 해야 옳지 싶습니다. 간혹 눈 속에 피는 '복수초'나 '얼레지'도 알고 보면 때늦은 눈 속에 갇힌 이른 봄꽃들이지요. 계절마다 꽃 축제를 해야 하는 곳에서 아주 애타게 전 세계의 식물 중 한겨울에 꽃을 피우는 식물을 찾은 적이 있습니다. 하지만 겨울에 꽃이 피는 식물은 있을 수 있지만 영하로 내려가는 겨울 날씨에는 절대로 키울 수 없다는 사실을 간과하였지요. 어느 해에 찾아온 연이은 추위는 눈을 만나기 어려운 남도의 땅도 여러 날 영하로 만들었는데, 수십 년을 그 땅에서 살고 지던 상록의 식물들 대부분이 피해를 입고 죽어 가기도 했습니다.

눈은 꽃이 피는 식물들에게 큰 어려움일 것 같지만 때론 득이 되는 경우도 많답니다. 겨울에 눈이 많이 내리는 지역에 풍부한 식물들이 자라는 것을 보아도 알 수 있지요. 차곡히 내리는 눈은 포근하게 식물들을 덮어 주어 매섭고 건조한 겨울바람의 피해를 줄여 줍니다. 그리고 봄이 되어 건조해지면 눈이 녹은 물은 수분을 공급하여 식물이 싹을 틔우는 데 아주 중요한 역할을 하지요.

막상 봄이 되어 꽃을 피울 식물들에게 가장 치명적인 동해를 안겨 주는 추위는 한겨울의 추위가 아니라 때늦은 꽃샘추위입니다. 철저하게 준비한 겨울은 잘 견뎠지만 봄이 온 줄 알고 내어 놓은 여린 새순이나 꽃송이들이 큰 피해를 당하니까요. 인도에서는 영상의 날씨에서도 급격히 기온이 떨어지면 길에서 동사하는 사람이 생긴다고 하는데, 식물이나 사람이나 미리 알고 준비하지 못하면 피해를 입는 건 마찬가지 이치 같아요.

아주 적극적으로 용감하게 겨울을 지내는 식물 중에 달맞이꽃이나 망초가 있습니다. 이들은 겨울이 되어도 지상부가 완전히 사라지지 않고 잎들이 땅 위로 방석처럼 둥글게 모여 달려 겨울을 견딥니다. 광합성을 제대로 하지 않아서 초록색이기보다는 붉은색과 갈색빛이 많이 도는 그런 잎들이 서리를 맞아 가며 겨울 들

지난해의 흔적이 가시지 않았는데 할미꽃이 꽃대를 올립니다. 어린 할미꽃이라니….

판에서 견디고 있는 모습을 간혹 보셨을 거예요. 이들은 대부분 생명력 강한 귀화 식물로 봄이 되어 남보다 빨리 싹을 틔워 땅을 점유하고 싶어합니다. 냉이도 겨울에 잎이 남아 있는 종류에 속합니다.

이렇게 식물들에게 많은 어려움을 주는 겨울 추위가 무조건 나쁘기만 한 것은 아닙니다. 때론 추위가 씨앗에서 싹을 틔우는 자극이 되기도 하지요. 사람이 살아가는 데도 때때로 닥치는 어려움이 더욱 크게 도약하는 밑거름이 되어 주니까요. 겨울의 어려움이 없다면 봄의 의미도 없을 것입니다.

식물들 하나하나는 모두 다른 환경에서 각각의 방식으로 열심히 아름답게 살고 있습니다. 꽃 한 송이를 들여다보면 그 작은 꽃 한 송이에 세상이 있습니다. 꽃잎의 보호 속에 수술과 암술이 인연을 맺고, 씨방은 씨앗을 잉태하여 내일을 기약하며, 꽃잎에 맥들이 색깔을 달리해 섬세하게 발달하는 양상은 벌들에게 꿀이 흐르고 있음을 느끼게 해 줍니다. 작은 수술 하나에 달린 꽃밥, 그리고 그 꽃밥을 이루는 눈으로 구분할 수조차 없는 꽃가루마저도 수천 배 확대를 해 보면 모두 다 다른 모습과 개성을 가지고 있습니다. 작게 작게 들어갈수록 무궁한 세상이 열리는 것이지요.

꽃 한 송이에서 눈을 들어 숲을 보아도 그렇습니다. 작은 씨앗에서 틔운 새싹이 어느덧 자라고 이들이 어우러져 녹색의 공간을 채워 아름다운 숲이 만들어지지요. 숲은 다시 숲으로 이어져 초록별 지구가 빛납니다. 크게 크게 퍼져 나갈수록 역시 무궁한 세상이 펼쳐지지요.

이 땅에서 가장 귀한 대접을 받는 꽃
한란

귀하지 않은 꽃이 없고 귀하지 않은 생명이 없지만 이 땅에서 가장 귀한 대접을 받는 꽃 중 하나가 한란이 아닌가 싶습니다. 사람들의 마음에 귀하게 인식되고 있음은 물론, 천연기념물을 비롯한 굵직한 여러 법률로 보호를 받고 있는 꽃이지요. 이즈음엔 자생지 전체에 이중 삼중의 보호책이 생겨 안전하게 자라고 있습니다. 사실 이 보호책은 너무 대단하여 가녀리고 청초하면서도 강인하고 향기로운 이 품격 높은 꽃과는 도통 정서가 맞지 않는 듯도 하지만, 망을 치면 망 위로 올라가 한란을 훼손하고, 망 위까지 모두 덮으면 땅을 파고 들어가 캐어 가는 집요한 도채꾼들과의 싸움의 결과이지요. 꽤 효과가 있었나 봅니다. 이제 그 울타리 안 이곳저곳에서 새싹들을 만나게 되고 그 수가 늘어나고 있으니 말입니다. 한란 자생지에 덮여 있는 저 무시무시한 시설은 딱 한란을 가져가려는 탐욕의 모습이라고 생각하면 될 듯합니다. 우리가 사서 키울 수 있는 한란은 조직 배양해서 키운 개체라는 증명이 필요합니다.

이 귀한 꽃이 더욱 귀하게 한겨울이 되어 꽃을 피웁니다. 제주도가 온난한 지역이긴 하지만 그래도 그 많은 시간 동안 두고두고 기다렸다가 모진 한겨울에 꽃을 피워 고결함을 보내니 앞으로도 오랫동안 한란은 아름다움과 귀함으로 우리 곁에 있을 듯합니다.

한란 Orchidaceae (난초과) *Cymbidium kanran* Makino

215

바다에 사는 연보랏빛 국화
해국

    해국이 피기 시작하면 아니 정확히 말하면 해국의 무리가 눈길을 사로잡기 시작하면 겨울인가 생각하여도 좋습니다. 지난가을에 흐드러지던 산국과 구절초, 쑥부쟁이 무리가 빛깔을 잃고 사라지는 그 가을의 끝과 겨울의 시작에서 해국은 절정을 이루지요. 해국의 꽃이 피기 시작하는 시점이야 훨씬 이전이었을 테지만 산야에서 아름다움을 자랑하는 숱한 경쟁 식물들이 제 색깔을 잃고서야 비로소 돋보이기 시작하니 바로 이때가 진정한 해국의 계절입니다. 바람을 온몸으로 받으며 해국이 피어 있을 저 남쪽 바닷가가 몹시도 그립습니다.

    해국은 국화과에 속하는 식물입니다. 말 그대로 바닷가에 사는 국화여서 우리나라에서는 주로 남쪽의 바닷가 절벽, 혹은 바위틈에서 만날 수 있습니다. 주걱처럼 생긴 잎에는 바람을 견뎌야 하는 바닷가의 식물들이 그러하듯 털이 보송하고, 연보랏빛 꽃들도 풍성한 것이 해국의 매력입니다. 풀처럼 싹이 올라 커 나가던 줄기며 잎이 겨울에도 죽지 않고 살아 몇 해씩 견딥니다. 그러다 보니 나무처럼 굵게 목질화되어 이제는 나무이기도 풀이기도 한 것이 바로 해국입니다.

해국 Asteraceae (국화과) *Aster spathulifolius* Maxim.

청초하고 기품 있는 아름다움을 간직한
수선화

금잔옥대金盞玉臺, 말하자면 수선화의 별호인데 이보다 이 꽃을 더 잘 표현한 말이 있을까 싶습니다. 겨울이 한창일 때 이미 늘씬하고 파란 잎사귀 사이로 꽃대가 올라옵니다. 그 꽃대가 옥으로 만든 대와 같지요. 그리고 그 끝에서 손가락 두 마디쯤 되는 꽃송이가 피어납니다. 수선화의 꽃은 기본적으로 6장의 꽃잎을 달고 있는데 여기에 그치지 않고 그 가운데로는 마치 금으로 만든 술잔 모양의 샛노란 꽃잎이 또 하나 올라와 얹혀 있습니다. 그게 바로 금잔인데 학술적으로는 '부화관副花冠'이라고 부릅니다.

이 부화관이 오글거리는 모양인 제주의 '수선'부터 크고 화려한 '나팔수선'까지 다양한 수선화 품종이 있지만 오래전 저 멀리 거문도, 바다가 바라보이는 양지바른 언덕에 무리 지어 피어 있던 수선화를 평생 잊을 수가 없습니다. 그 여린 줄기와 맵시 있게 뻗어 나온 잎사귀 사이로 함박 웃으며 피어나는 연노란빛 꽃송이의 청초함이라니…. 그 연한 꽃잎 가운데 동그랗게 자리 잡은 진한 노란색의 또 하나의 꽃잎, 그리고 그 고운 꽃에서 풍겨 나오는 향기까지. 꽃이 가져야 하는 모든 아름다움을 한 송이에 조화롭게 빚어 놓고서도 함부로 자랑하지 않아 기품을 간직한 수선화를 누가 칭송하지 않을 수 있을까 싶습니다.

수선화 Amaryllidaceae (수선화과) *Narcissus tazetta* var. *chinensis* Roem.

넓적한 바위를 가득 덮으며 자라는
석위

숲에 사는 대부분의 풀과 나무들이 초록을 잃고 나니 숲속에 남은 초록이 더 돋보입니다. 석위도 그런 겨울 초록 중에 하나입니다. 꽃도 피지 않는 양치식물이지만 잎이 지고 난 겨울 숲에서 늘 짙푸르고 질기며 싱싱합니다.

석위는 고란초과에 속하는 여러해살이풀로 씨앗이 아닌 포자로 번식합니다. 그래서 사실 꽃도 없습니다. 그저 사시사철 푸른 잎새만으로 오늘날의 명성을 얻었답니다. 석위는 남쪽의 숲속을 가다 보면 아주 그늘지지도 그렇다고 완전히 햇살에 드러나지도 않은 숲의 바위나 오래된 나무 둥치의 곁에 붙어 자라는데 뿌리줄기가 옆으로 뻗어 나가면서 잎새들을 포기 지어 올려 보냅니다. 그래서 석위가 자라는 곳에는 한 포기씩 있는 것이 아니라 하나를 들어 올리면 줄줄이 이어져 달려 나오곤 합니다.

겨울에 아름답게 돋보이니 '석화石花'라는 옛 이름도, '바위옷'이라는 《물명고》에 나오는 옛 이름도 석위와는 참 잘 어울립니다. 겨울의 남쪽 숲에서 넓적한 바위를 가득 덮으며 자라는 한 무리의 석위를 만났을 때, 그 경이로움과 행복감은 잎이 주는 생명력만으로도 충분한 듯 합니다. 날씨가 추워져도 우리가 자꾸자꾸 숲으로 향하고 싶은 이유도 그것입니다.

석위 Polypodiaceae (고란초과) *Pyrrosia lingua* (Thunb.) Farw.

기는줄기가 물을 건너는 듯한
달뿌리풀

한동안 많은 사람이 갈대와 억새를 혼동하였지만 이제 대부분
은 이를 구별하여 말합니다. 가을 들녘에서, 혹은 산정에서 무리
지어 자리 잡고서는 온 산에 단풍이 들고 낙엽이 지고 겨울의 문
턱에 다다를 때까지 그 허연 머리채를 이리저리 흩날리며 서 있는
것이 가을 들판의 서정 억새이고, 강과 바다가 만나는 곳에서 무
리 지어 좀 더 진한 갈색빛으로 자라는 것이 갈대입니다.

그런데 식물을 조금 알고 어려워진 것은 갈대와 달뿌리풀을 구
별하는 일입니다. 물가에 사는 것부터 모습까지 너무나 똑같아서
정말 웬만한 고수가 아니면 구별하기 힘듭니다. 우선 갈대는 짠물
과 민물이 만나는 낙동강이나 한강, 임진강 하구 같은 곳에서 자
라고, 산의 맑게 흐르는 계류에서 모여 자라는 풀이 바로 달뿌리
풀입니다. 달뿌리풀은 계곡물이 흐르는 땅 위로 기는줄기가 마치
물을 건너듯 이리저리 뻗고 그 마디마디 사이에서 뿌리를 내리는
것을 찾으면 됩니다. 갈대에는 이런 기는줄기가 없으니까요. 겨울
이 되어 물이 얼어 버렸다고요? 그래도 그곳이 맑은 물이 흐르던
곳이라면 분명 달뿌리풀이 있을 것입니다. 산행에서 달뿌리풀을
알아보고 이름 불러 주었다면 당신은 이미 식물 공부 초보는 졸업
한 것입니다.

달뿌리풀 Poaceae (벼과) *Phragmites japonica* Steud.

겨울바람 흔적이 그대로 남아 있는
가을강아지풀

강아지꼬리 같은 귀여운 꽃차례를 가진 강아지풀은 누구나 잘 압니다. 그런데 알고 보면 이 집안엔 몇 가지 종류가 더 있는데, 꽃차례가 반짝반짝 금빛인 것은 '금강아지풀', 바닷가에 자라며 꽃차례가 짧은 것은 '갯강아지풀'입니다. 강아지풀 꽃이 질 무렵, 저 멀리 어딘가에서 가을의 기운이 밀려오는 그즈음 무성하게 자라는 것이 바로 '가을강아지풀'입니다. 강아지풀보다 꽃차례가 훨씬 크고 약간 굽어 있습니다. 강아지풀은 '개꼬리풀'이라고도 하고 한자로 '구미초狗尾草'라고도 한답니다. 같은 뜻이지만 강아지풀이라고 하니 훨씬 정답고 그 앞에 '가을'이 붙으니 서정이 느껴집니다. 가을의 초입 산책길에서 "가을강아지풀이 보이는 것을 보니 가을이 오려나 봐!" 이렇게 말할 수 있다면 얼마나 여유로운 일상일까요.

그런데 가을도 가고 겨울이 깊은데 아직도 가을강아지풀이 겨울바람 따라 일렁이며 살던 그 모습 그대로 남아 있습니다. 초록은 잿빛이 되고, 통통하던 열매는 껍질만 남아 속이 비었지만, 지금 가을강아지풀의 모습엔 가을에서 겨울이 오도록 맞아 낸 바람의 흔적만이 그대로 남아 있습니다. 이렇게 겨울을 보낼 모양입니다. 애처롭게 생각하지 마세요. 땅속에서는 강건한 뿌리가 눈을 만들며 새봄을 준비하고 있을 테니까요.

가을강아지풀 Poaceae (벼과) *Setaria faberii* Herrm.

단단하고 야무진 새봄의 전령
박새

지난여름에 만났던 박새는 시원스러웠습니다. 우거진 숲, 물가에 서서 자라는 느낌이 시원하며 크지 않은 꽃송이들이 모였으나 쭉 벋은 길쭉한 꽃차례에 흰 꽃이 가득해 역시 시원한 아름다움을 주니까요. 게다가 늘씬한 잎새에 잎맥이 줄지어 잘 발달하고, 탁하지 않은 연둣빛이 도는 잎 색깔까지도 여름에 걸맞게 시원하기 이를 데 없었지요.

박새는 이래저래 유명합니다. 흰 배에 검은 목을 가진 유난히 통통한 산새인 박새로도 유명하고, 식물로는 뉴스에 자주 출현하여 유명하지요. 달리 소문난 것은 아니고 박새는 절대로 먹으면 안 되는 독초인데 잘못 알고 먹는 경우가 있기 때문입니다. 천남성이나 투구꽃처럼 박새도 자칫 목숨을 잃을 만큼 독성이 강해서 입에 대면 아릿한 느낌을 먼저 느끼게 되는데, 먹기 좋게 보이는 넓은 잎새를 따서 조리했던 모양입니다.

겨울을 보내고 난 그 끝, 이른 봄 숲속 이곳저곳 눈밭에서 삐죽하니 새순을 올리는 박새의 새순들도 참으로 역동적이었습니다. 힘찬 새봄을 맞이하라는 희망의 전령 같아 보입니다. 땅속 깊이 뿌리를 묻고는 단단하고 야무진 새싹을 올려 보내는 강건한 식물, 박새 말입니다.

박새 Liliaceae (백합과) *Veratrum oxysepalum* Turcz.

봄부터 1년을 함께 만난 이 땅의 꽃들.
우리 모두에게 때론 행복이고 때론 지혜의 원천이며
무엇보다도 강한 희망의 메신저였기를 바랍니다.
보태어 바란다면, 책장을 넘기다 문밖을 나섰을 때
매일 지나치던 그 길목들에서
새삼 피고 지는 꽃들이 눈에 들어왔으면 합니다.
바로 꽃들이 마음에 들어온 징표랍니다.

2부

행복한
나무 산책

3월
봄 나뭇가지에 꽃이 먼저,
잎이 먼저 새싹 구경도 함께 해요

나무는 봄이 오고 있음을 언제부터 알고 있었을까요? 어제도 그제도 매일 보던 나뭇가지들이지만 오늘 유난히 생기가 도는 듯하네요. 마음을 열고 세심하게 바라보니 물이 올라 탱탱해진 나뭇가지의 탄력이 비로소 느껴집니다. 겨우내 기다리던 겨울눈들이 도드라지는가 싶더니 이제 제법 부풀어 오르기 시작합니다. 그 겨울눈 속엔 무엇이 들어 있을까요?

하루가 다르게 부풀던 겨울눈 속에서 꽃망울이 터져 나오기 시작합니다. 하나둘 꽃망울을 보며 반가운 마음이 들었는데 이젠 다투어 피어나네요. 그리고 어느 순간 온 나무의 가지에는 눈부신 꽃송이들이 가득합니다. 그 나무의 꽃들을 바라보는 우리 마음도 춘흥을 주체하지 못하고 하릴없이 들썩거립니다. '개나리'와 '진달래', '백목련'과 '자목련', '복숭아꽃'과 '살구꽃'까지. 그러고 보니 봄에 꽃이 피는 나무들 중에는 유난히 꽃이 먼저 피는 나무들이 많습니다.

문득 궁금해집니다. 유독 봄의 나무들에게 꽃이 먼저 피는 일이 많은 까닭이요. 이른 봄, 숲속 키 작은 풀들도 꽃을 먼저 피워 다른 식물들과의 경쟁에서 우위에 선 기억이 납니다. 이 부지런한 나무들도 같은 이유겠지요. 역시 부지런해서 봄에 먼저 나오는 곤

겨울눈이 터지고, 추위를 막던 솜털이 보입니다.
생강나무의 어린 꽃송이들이 모습을 드러낼 준비에 한창입니다.

충들이 이들의 인연을 도울 것입니다.

다시 궁금해집니다. 어떻게 봄의 나무들은 이렇게 빨리 꽃을 만들었을까요? 나무들도 이른 봄의 주인공이 되려고 겨울이 시작되기 전부터 많은 준비를 하였답니다. 꽃눈의 분화를 모두 마치고 단단한 눈껍질로 추위를 견디며 새봄이 오길 기다린 것이죠. 봄에 부풀어 오르는 이런 나무들의 겨울눈을 껍질부터 하나씩 벗겨 보세요. 그 속에는 이미 색깔까지 다 입혀진 꽃잎이 차곡차곡 접혀서 들어 있고, 수술이며 암술이며 오골오골 뭉쳐져서 세상에 나갈 시간만 기다리고 있으니까요. 먼저 준비하면 기회도 먼저 잡을 수 있는 이치가 풀과 나무, 그리고 사람에게도 마찬가지라는 생각이 드네요.

하지만 봄에 돋아난 나뭇가지의 눈 속에서 꽃송이들만 먼저 터져 나오는 건 아닙니다. 때론 잎이 먼저 나오는 나무들도 많습니다. 화려한 꽃이 가득한 나무들에 가려 눈길을 받지 못할 뿐이랍니다. 눈껍질 속에 들어 있던 이 나뭇가지의 새싹은 연두색이기도 하지만 아니기도 합니다. 연두색인 새싹조차도 그냥 연두색이라고 하기에는 참으로 다양한 색깔이 존재합니다. 이렇게 연두색이라는 단어로만 표현하는 제 언어의 한계가 아주 갑갑하여 못 견디겠습니다. 나무마다 새순의 모양과 색깔이 모두 다른데, 그 다양함이 꽃의 다양함에 빠지지 않습니다. 그리고 꽃의 화려함이 따라갈 수 없는, 훨씬 깊이 있고 오묘한 새싹들의 세상이 존재한답니다.

가장 인상적인 것은 서어나무의 새싹입니다. 숲은 가만히 있는 것이 아니라 점차 변합니다. 그것을 천이遷移라고 하지요. 천이의 마지막 단계, 그래서 가장 안정된 숲을 클라이맥스, 즉 극상림極相林이라고 하는데 '서어나무'는 이를 구성하는 나무의 하나로 알려져 있습니다. 그리고 우리나라에서 수백 년 동안 가장 잘 보전된 광릉 숲에는 서어나무 숲이 있는데 봄이면 발긋발긋 맑고도 연한 자줏빛 새싹들이 올라와 가을도 아닌 봄 숲이 불그레합니다. 그리고 옆에서 새순과 꽃을 함께 올리는 '참나무'에는 누릇한 빛이 돌고, 간간이 '다릅나무'에는 은빛이 도는 새순이 올라오지요. 가장 연둣빛이 선명한 것은 '귀룽나무' 새순이고요. 이렇게 어우러진 봄 숲은 새순만으로도 여름 꽃과 가을 단풍 못지않은 다채롭고도 화사한 풍경을 만들어 냅니다. 이 새순들은 이른 봄이 지나고 나면 열심히 광합성을 해서 양분을 만들어야 하므로 신록이 되고 진한 초록빛 녹음으로 우거집니다.

그런데 혹시 봄에 꽃이 피는 나무 중에서 진달래와 철쭉을 확실하게 구별할 수 있으신가요? 봄이면 진분홍색 꽃이 잎보다 먼저 피며 꽃잎을 먹을 수 있어 참꽃이라 부르는 나무는 '진달래'고요. 연분홍색 꽃이 둥글둥글한 잎과 같이 피며 먹을 수 없어 개꽃이라 부르는 나무가 바로 '철쭉'이지요. 진달래 같은 진분홍색 꽃이 피지만 철쭉처럼 잎과 같이 피며 잎끝은 뾰족한 나무도 있는데 그건 바로 '산철쭉'입니다.

또 노란색 꽃이 잎보다 먼저 피어나는 생강나무와 산수유는 어떻게 구별할까요? 산에서 만날 수 있고 노란 꽃이 다닥다닥 달려 있으며 비비면 향긋한 생강 냄새가 나는 것이 '생강나무'이고요, 마을 근처나 공원에서 볼 수 있고 노랗고 작은 꽃들이 1센티미터 정도 되는 작은 꽃자루에 마치 우산살처럼 동그랗게 모여 달리는 것이 '산수유'랍니다.

진달래	산철쭉
생강나무	산수유
매실나무	복숭아나무

백목련과 목련도 구분해 줘야 합니다. 우리가 무심히 목련이라 부르며 향기롭고 탐스러운 꽃을 가져 즐겨 심는 것은 '백목련'입니다. 백목련은 아름다운 나무이지만 고향은 중국이랍니다. 우윳빛의 꽃잎을 가지고 꽃받침도 꽃잎처럼 되어 서로 구분할 수 없는 특징이 있지요. 제주도가 자생지인 진짜 '목련'은 따로 있는데 백목련보다 조금 일찍 피고 좀 더 흰빛이 나며 꽃잎이 가늘고 꽃받침도 볼 수 있어 구분이 가능합니다.

열매가 달리지 않고 꽃이 피어 있는 봄의 매실나무와 복숭아나무는요? 매실나무는 열매를 중심으로 부르면 '매실나무'가 되지만 꽃을 중심으로 부르면 '매화나무'가 됩니다. 이 둘은 같은 나무랍니다. 이른 봄에 향기롭고 작은 꽃들이 줄기에 붙어 자라는 것이 '매화꽃'이고요. '복숭아나무'도 꽃을 중심으로 보면 '복사꽃'이 되는데 꽃도 늦게 피고 선명한 분홍색 꽃이 훨씬 큼직하게 달리지요.

그저 말없이 서 있는 무뚝뚝하지만 고마운 나무, 그저 그렇게만 알았던 나무이지만 겪어 보니 나무만큼 다채롭고 심오하며 따뜻하고 풍성한 존재를 아직 만나지 못한 듯합니다. 우리 곁에 무심히 서 있던 나무들 하나하나를 개성 있고 의미 있는 존재로 바라보고 존중해 주기 시작한다면 장담하건데 나무들은 그 시선의 깊이만큼, 마음의 진실함만큼 다른 세상의 모습으로 다가설 것입니다.

말랐던 나뭇가지에 겨울눈이 부풀어 벌어지고 처음 세상을 여는 새순과 새꽃을 보면, 이들이 다시 지고 결실을 맺고 또 커 나가는 모습을 한 해 동안 함께 지켜보고 싶습니다. 그 계절의 끝이 되면 새롭고 커다란 의미로 우리 곁을 지키고 있을 많은 나무 친구를 얻을 수 있습니다.

풍성한 한 해를 기원하는 나무
풍년화

  가장 먼저 꽃을 피워 봄을 알리는 나무는 무엇일까요? 주변이 아직 겨울의 흔적들을 남겨 놓고 있을 때 풍년화는 잎보다 먼저 꽃을 피웁니다. 그리고 사람들은 꽃의 풍성함을 보고 그 해의 풍흉을 점치기도 하여 그 이름이 '풍년화'가 되었습니다. 어렵게 겨울을 나고 배고픔을 견뎌야 하는 가난한 민초들의 삶과 애환이 느껴져 마음이 짠해집니다. 생명이 약동하는 이 희망의 새봄에도 풍년을 가장 먼저 떠올렸으니까요.

  풍년화가 우리나라에 처음 소개된 건 1930년, 지금의 국립산림과학원이 있는 청량리 홍릉수목원입니다. 이후 매년 봄의 전령사로 그 역할을 충실히 하고 있습니다. 지금은 이 풍년화뿐 아니라 '모리스풍년화'를 비롯한 세계의 풍년화들이 우리나라에 들어와 여러 수목원에서 각기 다른 개성으로 봄을 알리고 있습니다. 납매나 영춘화도 봄꽃 소식을 알려 주는 나무이지요. 다양한 꽃들이 봄을 알리는 모습을 만날 만큼 우리도 풍요로워졌다는 생각입니다.

  4장의 꽃잎은 아주 가늘고 길며 그러한 꽃들이 자루도 없이 여러 개 뭉쳐 자라서 참으로 독특합니다. 꽃은 어찌 보면 예전 운동회 때 만들던 술처럼 보입니다. 마치 봄의 요정들이 봄소식을 알리며 흔들고 있듯이 말입니다.

풍년화 Hamamelidaceae (조록나무과) *Hamamelis japonica* Siebold & Zucc.

남도 풍경에 봄 내음 띄우는
삼지닥나무

봄의 꽃나무들은 왜 이렇게 향기가 특별할까요? 겨울에서 완전하게 벗어나지 못한 곤충들을 빨리 일깨우고 싶은 걸까요? 삼지닥나무 꽃이 피어 솔솔 향기를 풀어 내는, 봄이 오는 남도의 풍광에서는 고향 집처럼 정다운 그리움이 느껴집니다. 추위에 약하여 향기와 함께 북쪽으로 꽃 소식이 이어지지는 못하지만 그래도 남쪽에선 오래도록 꽃구경이 가능합니다.

이른 봄 남쪽에 가면 삼지닥나무 꽃이 한창입니다. 곳에 따라서는 꽃나무로 길가에 줄지어 심어져 눈길을 끌기도 하고, 마당 한편에서 둥근 나무 모양을 만들어 근사하게 꽃을 피우기도 합니다. 다른 봄의 꽃나무들처럼 꽃이 먼저 피는데 이른 곳에서는 2월부터 첫 개화를 시작하지요. 꽃은 작고 긴 나팔 같은 꽃송이들이 마치 우산살처럼 둥글게 모여 달리고, 이런 꽃차례가 가지마다 가득가득 달려 장관입니다. 게다가 꽃이 벌어지기 전엔 긴 원통형의 아주 연한 노란빛 봉오리였던 것이 점차 꽃이 피어나면서 진하고 고운 샛노란 빛깔로 변해 갑니다. 꽃피는 속도가 조금씩 다르다 보니 피면 핀대로 덜 피면 덜 핀대로 노란 꽃들은 각기 저마다 농담을 달리하여 아주 그윽한 모습이 됩니다.

'삼지닥나무'라는 이름도 정말 재미있습니다. 가지가 3갈래로 갈라지며 종이를 만드는 재료가 된다는 특징을 그대로 담고 있거든요.

삼지닥나무 Thymelaeaceae (팥꽃나무과) *Edgeworthia chrysantha* Lindl.

향기 가득 매력 가득
붓순나무

붓순나무를 볼 때마다 이 좋은 나무를 따뜻한 남쪽에 사는 사람들만 즐기지 않고 온 나라 사람들이 함께 볼 수 있다면 얼마나 좋을까 생각합니다. 붓순나무는 연평균 기온이 12℃ 이상인 지역에서만 겨울을 날 수 있고, 더욱이 크게 자라기 때문에 분에 담아 실내로 들여올 수도 없어서 중부 지방에선 거의 구경하기가 어렵습니다. 멀리 빛나는 별빛까지 꽃잎 모양으로 담은 듯한 향기로운 백록색의 꽃, 반질반질 윤기가 흐르는 귀엽고 친근감 넘치는 잎사귀, 꽃 만두 모양의 열매, 게다가 꽃은 물론 나무껍질과 잎까지 온몸으로 향기를 내어 놓으니 참으로 매력적인 꽃나무입니다.

붓순나무는 붓순나무과에 속하는 늘 푸른 넓은잎을 가진 큰키나무입니다. 제주도에서는 2월이면 벌써 붓순나무가 꽃봉오리를 터트리며 사람을 유혹하지요. 이 나무가 특별한 것은, 나뭇잎을 잘라도 독특한 냄새가 퍼져 나오고 줄기에서 나무껍질을 벗겨도 독특한 향이 나오는데, 사람들은 그 향에 유혹되지만 동물들은 피해 간답니다. 붓순나무는 제단에 바치는 나무로도 쓰였습니다. 열매를 보면, 약이나 향신료로 이용하는 팔각과 같은 집안으로 향이 진한 것도 생김새도 비슷하지만 독성이 있으니 주의가 필요합니다.

붓순나무 Illiciaceae (붓순나무과) *Illicium anisatum* L.

수려한 가지를 부채처럼 펼치는
계수나무

계수나무, 이름만 들어도 정답습니다. 아마도 어릴 적 들은 이야기 속 옥토끼와 함께 달에 살던 그 계수나무에 대한 반가움 때문이겠지요. 하지만 달에 있던 계수나무는 이야기 속의 나무이고, 계핏가루를 만드는 열대의 나무를 두고도 계수나무라고 하지만 이 또한 다른 나무입니다. 막연히 이름을 알고 있는 두 나무 말고, 식물도감에 '계수나무'라는 정식 이름을 가지고 올라와 있는 나무는 따로 있습니다. 우리가 살고 있는 어딘가에 심어져 부챗살처럼 그 수려한 가지를 펼쳐 내며 아름답고 달콤하게 자라고 있습니다.

계수나무도 봄에 꽃이 먼저 핍니다. 수나무(245쪽 : 수나무의 수꽃과 잎)와 암나무가 따로 있어 각각 매우 독특한 붉은 꽃을 피워 냅니다. 꽃이 붉다고는 하지만 화려하지 않고, 꽃잎도 없이 수나무에는 수술만 암나무에는 암술만 있는 아주 단순하고 원시적인 구조를 가지고 있지요. 하지만 크게 자라는 나무와는 대조적으로 아주 자잘한 꽃들이 달리는데, 나무 전체적으로 붉은빛이 은은하게 감도는 듯하여 매우 그윽하고 멋집니다. 마치 붉은 연기가 피듯, 구름이 퍼지듯 피어납니다. 그렇게 꽃이 피고 지기 시작하면 봄이 무르익은 것이고, 이제 동글동글 귀여운 잎들이 펼쳐질 것입니다.

계수나무 Cercidiphyllaceae (계수나무과) *Cercidiphyllum japonicum* Siebold & Zucc.

고운 우리 이름의 우리 특산 식물
히어리

히어리, 처음 들어 보셨다고요. 우리나라에서만 자라는 특산 나무이기도 하고, 알면 알수록 매력이 넘치는 꼭 알아주셨으면 하는 나무입니다. 이른 봄 조랑조랑 매어 달리는 환하고 귀여운, 그래서 한 번 보고 나면 좀처럼 잊히지 않을 것만 같은 꽃송이들이 잎도 없이 나무 가득 달립니다. 그래서 일단 알고 나면 우리 식물에 대한 그동안의 무지와 무관심에 슬그머니 부끄러운 마음이 들지요.

'히어리'라는 이름을 처음 들으면 도대체 무엇의 이름인지, 무엇을 뜻하는지 알 수가 없습니다. 영어인지를 묻는 이도 있습니다. 부르기만 해도 고운 이 우리말 이름을 어찌 가지게 되었는지 오래전부터 알고 싶었지만 알려진 기록을 찾을 수 없었습니다. 그저 참나리, 개나리, 싸리, 원추리, 고사리, 미나리처럼 이름 뒤에 '리'자를 붙인 우리말인 것만 확실합니다.

오랫동안 일하던 수목원의 한 작은 언덕에는 히어리가 줄지어 서 있었습니다. 수목원과 함께한 그 오랜 시간, 그 언덕의 히어리에 노란 꽃들이 가득 필 즈음이 제가 첫봄을 맞이하는 시간이며 공간이었습니다. 꽃이 지고 나면 개암나무 닮은 잎이 나고, 갈빛으로 물들었던 운치 있던 잎도 지고 나면, 개성 있는 나무줄기 아래서 한 해를 보낼 준비를 합니다.

히어리 Hamamelidaceae (조록나무과) *Corylopsis coreana* Uyeki

순결하고 향기로운 흰빛의 꽃나무
백서향

이른 봄 숲에서 만났을 때 가장 그윽하고 향기로운 꽃 내음은 무엇일까요? 저는 백서향의 향이 아닐까 싶습니다.

"한 송이가 겨우 피어 한 뜰에 가득하더니 꽃이 만발하여 그 향기가 수십 리에 미친다. 꽃이 지고 앵도 같은 열매가 푸른 잎사귀 사이로 반짝이는 것은 차마 한가한 중에 좋은 벗이로다." 중국의 서향을 두고 한 노래입니다. 꽃 중에서 가장 상서로운 꽃으로 음력 새해에 보며 좋은 징조를 예감하는 꽃이 서향이라면, 우리나라엔 더욱 순결한 흰빛을 지닌 백서향이 있습니다.

백서향은 팥꽃나무과에 속하는 늘푸른작은키나무이지만 넓은 잎을 가지고 있습니다. 키는 오래도록 열심히 자라야 1미터를 넘기 어렵지요. 꽃이 지고 나서도 진한 초록빛 잎새들은 언제나 반짝이고, 구슬 같은 열매들은 붉디붉게 익어서 오래오래 달립니다. 남쪽 섬의 그늘진 깊은 숲에서 귀하디 귀하게 사는 우리의 자생 나무이지만, 이른 봄 향기로 시작하여 한 해를 꼬박 행복하게 하는 이 나무의 가치를 알아보고 많이 증식한 덕분에 자그마하게 정원 한편이나 분에 두고 곁에서 키울 수 있어 더욱 반갑습니다.

백서향 Thymelaeaceae (팥꽃나무과) *Daphne kiusiana* Miq.

4월
나무와 친구되는 이 봄에는
은행나무 꽃구경부터

　나무와 친구가 되고 싶다고요? 이 봄, 은행나무 꽃구경부터 시
작해 보면 어떨까요? 은행나무에도 꽃이 피냐고요? 한 번만 더
생각해 보면 당연한 사실이랍니다. 은행나무에는 열매인 은행이
열리는데, 꽃이 피어야만 열매를 맺을 수 있으니까요. 냄새 나는
살구색 열매 껍질을 벗기면 딱딱한 은빛의 중간 껍질이 나오고,
그 속에는 갈색의 얇은 속껍질이, 그리고 기름에 살살 볶아 먹으
면 맛나는 알맹이가 들어 있습니다. 그래서 이름이 '은 은銀' 자와
'살구나무 행杏' 자를 써서 '은행나무'가 되었답니다. 물론 은행나
무는 소나무 등과 같이 겉씨식물이어서 속씨식물에 해당하는 '꽃'
이라는 표현이 부적절하다고도 할 수 있지만 달리 쉬운 우리 이름
이 없으니 넓은 의미의 꽃으로 부름을 이해해 주세요.
　은행나무의 꽃을 한 번도 보지 못했다면, 나무와 제대로 친해지
지 못한 이유를 알 수 있지요. 사실, 우리 주변에 가장 흔한 가로수
라서 어디를 가나 은행나무가 지천인데, 그 꽃구경을 못했다는 건
한 번도 가까이에 다가서서 들여다보지 않았다는 증거이니까요.
　바로 지금 4월쯤에 은행나무 꽃이 피어납니다. 겨우내 말랐던
가지에 물이 올라 새싹이 나오기 시작하고, 줄기 사이에서 잎들이

수백 년을 살아온 은행나무도 새순은 여린 연둣빛입니다. 새순 속 꽃마저도요.

삐죽삐죽 돋아납니다. 그리고 새끼손톱만큼 자란 아주 귀여운 어린잎 사이에서 꽃이 피어납니다. 화사한 분홍 꽃이 피는 벗나무는 꽃잎 안에 여자와 남자에 해당하는 암술과 수술이 함께 있지만, 은행나무는 아예 암꽃과 수꽃이 따로 있어 서로 딴 그루에 꽃이 피어난답니다.

암꽃은 글쎄요, 어떻게 설명해야 할까요? 길이는 손가락 한 마디쯤 자라는데 녹색이고요, 자루 끝에 양쪽으로 볼록 도드라진 특별한 암꽃이 달립니다. 사실 화려한 꽃잎을 가진 꽃만 떠올리면 절대로 꽃이라고 인정하기 어려운 모습이지요. 무슨 꽃이 그러하냐고 할지도 모르겠지만 은행나무의 어리고 앙증맞은 잎 틈새에서 이 개성 넘치는 암꽃을 한번 찾아보세요. 보물찾기에서 보물을 발견한 듯한 초록빛 행복감이 밀려온답니다. 나무 밑을 휙휙 지나다닐 때에는 절대로 느낄 수 없고, 또 만날 수도 없는 은행나무의 속살 같은 다른 여러 모습도 볼 수 있어요.

은행나무의 수꽃은 암꽃보다 수월하게 찾을 수 있습니다. 아주 작은 녹황색의 꽃들이 다다다닥 붙어 길이 2센티미터 정도의 늘어진 꽃차례를 만들거든요. 꽃가루를 모두 날리고 나면 꽃차례가 통째로 땅에 떨어지는데, 봄에 길을 걷다가 은행나무 밑에 이상한 것들이 떨어져 있으면 고개를 들어 나무를 쳐다보세요. 십중팔구 수꽃들이랍니다.

그런데 은행나무에는 왜 벗나무처럼 화려한 꽃잎 대신 이상스러운 모습의 꽃이 피어날까요? 사실 나무나 풀이 아름답고 화려한 꽃을 피워 내는 건 사람들이 아니라 효율적인 꽃가루받이를 도울 곤충들의 마음에 들고 싶어서지요. 이런 식물들을 '충매화'라고 합니다. 그런데 은행나무는 '풍매화風媒花'예요. 곤충이 아닌 바람의 힘을 빌려서 수꽃의 꽃가루가 암꽃에 닿아 인연을 맺습니다. 그러니 구태여 눈에 띄는 꽃잎을 가질 필요가 없는 것이지요. 대신 꽃가루를 아주 많이 만들어서 사방에 보낸답니다.

봄에 이런 풍매화가 피는 나무들이 정말 많습니다. 우리나라 숲에서 가장 많이 만나는, 도토리가 가지가지 열리는 '참나무'와 '소나무'가 그렇습니다. 또 여러분이 잘 알고 있는 '버드나무', '오리나무', '자작나무', '밤나무' 같은 종류도 모두 그렇고요. 나무 중에서 화려한 꽃을 한 번도 본 기억이 없다면 대개 풍매화일 거예요. 더욱이 대부분의 풍매화는 이 봄에 피어나고 있으니 이런 무수한 나무의 꽃구경은 지금 하셔야 해요.

소나무의 꽃은 어떨까요? 봄에 암꽃과 수꽃이 피는데 모습은 서로 다르지만 한 나무에 달립니다. 생장이 왕성한 줄기 끝에 붉은빛이 도는 보랏빛의 작고 동그란 암꽃들이 달리고요, 그 아래쪽에 연황색 꽃가루가 가득한 조금 큰 수꽃들이 다닥다닥 달리지요. 봄바람에 날리고 조청에 무쳐 다식을 만드는 영양 만점의 송홧가루가 바로 소나무 수꽃의 꽃가루인 것이지요.

밤나무의 밤꽃은 알고 있는 분들이 있을 거예요. 늦은 봄 유백색의 꽃들이 나무 가득히 피어나면 다소 야릇한 꿀 냄새도 나고 금세 눈에 띄니까요. 그런데 이 꽃들은 사실 꽃가루 만드는 일을 하는 수꽃이랍니다. 밤나무 암꽃도 한번 찾아보세요. 수꽃들이 달리는 줄기 조금 위쪽에 연둣빛의 유백색 암술머리가 달린 듯한 아주 작은 암꽃이 있어요. 물론 밤송이는 이 암꽃이 자라 만들어집니다.

소나무(암꽃)	소나무(수꽃)
밤나무(수꽃)	무화과나무(열매)

지금까지 꽃을 보지 못했거나 꽃이 없는 줄 알던 대부분의 나무가 이 봄에 모두 꽃을 피워 내고 있다는 사실이 경이롭지요. 그렇다면 꽃이 피지 않는 나무, 꽃이 없는 나무도 있을까요? 원칙적으로는 없습니다. 잎이 항상 싱그러워 화분에 심고, 아파트 거실에 두고 키우는 '벤자민고무나무'의 꽃을 한 번도 못 보셨지요? 이런 나무도 원래 꽃이 없는 것은 아닙니다. 자생지에서는 꽃이 잘 피고 잘 결실하지만, 추운 우리나라에서 어렵게 살아가다 보니 정식으로 꽃을 피우고 열매 맺기가 어려운 것일 뿐이랍니다.

　꽃이 없다 하여 이름도 '무화과無花果'가 되어 버린 나무도 사실은 꽃이 없는 것이 아니고 숨어 있습니다. 꽃도 없이 처음부터 열매가 익었다고 생각하겠지만 열매처럼 보이고 나중에 열매로 익을 그 속에서 처음에는 꽃이 숨어서 피고, 안으로 기어 들어간 곤충들의 도움으로 꽃가루받이가 되어 달콤한 열매로 익는 것이지요. 그러니 이 나무를 무화과가 아닌 '은화과隱花果'라고 부르는 것이 정확합니다.

　이 봄, 바람만이 알아주는 이 나무들의 특별한 꽃을 꼭 구경하기를 권합니다. 화려한 꽃들이 다투어 피는 모습이야 누구에게나 즐거운 일이지만, 숲에서 일어나는 이 진정한 봄의 축제를 알아보는 눈이 생긴다면 이미 나무와 친구가 되는 길에 들어선 셈입니다. 그렇게 하나씩 하나씩 새롭게 만나는 나무의 모습은 평생의 위로와 기쁨이 되고, 창의와 감성으로 발현되기도 하며, 과학적 사실의 발견이나 심오한 철학으로도 거듭날 수 있습니다. 그 모든 일의 첫걸음은 바로 나무 곁에 멈추어 서서 바라보는 일입니다.

까만 밤거리 하얗게 수놓는
벚나무

많은 이에게 벚나무는 가장 쉬운 나무이지만 제게는 가장 어려운 나무입니다. 심정적으로는 밤거리마저 술렁거리게 하는 눈부신 벚나무의 개화를 보면 세월이 아무리 흘러도 흔들리는 마음을 주체하기 어려워서이고, 또 하나는 봄에 꽃을 피우는 수많은 벚나무 중에는 사실 진짜 벚나무가 많지 않고, '산벚나무', '왕벚나무', '올벚나무', '개벚나무' 등 매우 다양한데다가 이들의 이름을 정확히 불러 주려면 암술대의 털까지 확인해야 하는 등 식별이 매우 까다로운 특성이 있기 때문입니다. 그래서 남들은 벚나무 벚나무 하며 즐겨도 저는 정확히 어떤 벚나무인지를 알기 전에는 마음 편히 이름을 부르며 즐기지 못하는 형편입니다. 아는 게 병인 대표적인 경우랍니다.

벚나무 꽃길에서 가장 흔히 볼 수 있는 것은 벚나무가 아니라 사실 '왕벚나무'입니다. 일본에서는 '사쿠라'라고 하지요. 일본은 조선 왕조를 조롱하는 뜻으로 창경궁을 동물원으로 만들고, 제 나라를 상징하는 왕벚나무를 심어 밤 벚꽃놀이를 즐기게 하였습니다. 그래서 이 나무를 보면 참 아름답고 좋으면서도 마음 한쪽이 좀 불편하였는데, 일본엔 왕벚나무의 자생지가 없지만 우리나라 제주도엔 고유의 왕벚나무가 자라고 있다는 사실을 안다면 좀 위로가 될까요? 그에 앞서 우리 왕벚나무를 빨리 퍼트리고자 서둘러야 할 듯합니다.

겨울 눈송이보다 희고 풍성한 봄꽃
조팝나무

조팝나무는 봄의 한가운데서 꽃을 피웁니다. 따사로운 봄볕이 내리쬐는 산길 가장자리나 논둑, 마을의 둔덕, 철도가 지나는 비탈면 등 손을 뻗으면 닿을 듯한 이 땅 곳곳에서 백설보다 더 희고 눈부시게 피어납니다. 긴긴 지난겨울에 보았던 눈송이들보다 더욱 풍성하게요.

조팝나무는 장미과에 속해요. 꽃 하나의 크기는 작지만 자세히 들여다보면 균형 잡힌 5장의 꽃잎도 곱고, 봄이 되면 가지마다 하얀 꽃송이가 잎보다 먼저 가득 달립니다. 줄기에는 꽃이 4~6송이씩 우산 모양으로 층층이 달리고 또 달려, 줄기 끝까지 이어지니 전체적으로 흰 꽃방망이가 됩니다. 그러면 가느다란 줄기는 꽃의 무게를 이기지 못해 늘어지거나 왕성한 새 기운으로 창공을 향해 뻗어 나가기도 하는데 그 자유로움이 참으로 멋지답니다.

꽃과 초록이 좋은 까닭에 요즈음은 공원이며 가로변이며 조팝나무 구경이 쉬워졌어요. 개나리의 노란 봄, 진달래의 분홍빛 봄도 좋지만 조팝나무가 만든 흰색의 풍성한 봄이 참 좋아요. 봄볕이 가득한 어느 날, 들과 산이 이어지는 그 어딘가에 무심히 피어 있는 그 모습은 매번 마음속 춘흥을 흔들어 댑니다. 한방에서는 뿌리와 줄기를 쓰기도 하지만 무엇보다 아스피린의 원료 성분으로 쓰여서 유명해지기도 했습니다.

조팝나무 Rosaceae (장미과) *Spiraea prunifolia* Siebold & Zucc. f. simpliciflora Nakai

꽃으로 열매로 즐겁고 행복한
앵도나무

"앵두나무 우물가에 동네 처녀 바람났네~" 많은 사람이 이 봄에 앵도나무 이야기를 하면서 이 노래를 떠올립니다. 다소 얌전하지 못하고 너무 흔해 진부하고, 유치한 듯 싶지만 어쩔 수 없습니다. 따사로운 봄볕을 받으며 소담스럽게 핀 앵도나무를 보면 절로 이 노래가 흥얼거려지니 말입니다. 봄바람이 단단히 들었나 봅니다.

화사하기로 치면 복사꽃이나 벚꽃이 더 할 수 있지만, 복사꽃은 좀 더 자극적인 분홍빛이며, 벚꽃은 낙화의 미학이 마음 한편에 쓸쓸함을 남기지요. 그러나 앵도나무 꽃은 소박하고 마냥 정겨우며 다정합니다. 우물가도 좋고 담장 곁도 좋고 그렇게 환한 모습으로 나무 한가득 꽃을 피우니 누군들 설레지 않을까요.

여름이 다가올 즈음이면 꽃송이가 달린 자리마다 탱글탱글 붉은 앵두가 열립니다. 가장 먼저 익은 열매를 먹을 수 있는 과실 중 하나가 아닐까 싶습니다. 경복궁 울타리 안에는 효자 문종이 앵두를 좋아하는 아버지 세종을 위해 손수 심은 앵도나무가 있다고 합니다. 꽃으로도 열매로도 무조건 즐겁고 행복한 나무입니다. 이름이 '앵도櫻桃'에서 유래한 것이어서 '앵도나무'인데, 열매는 '앵두'여서 혼동되기도 합니다.

앵도나무 Rosaceae (장미과) *Prunus tomentosa* Thunb.

귀엽게 웃는 종 모양 꽃송이
사스레피나무

봄에 남쪽 바닷가 숲으로 가면 은은한 향기가 퍼져 나옵니다. 사람에 따라서는 무작정 좋다고만 할 수는 없는 아주 개성 있는 향기를 지닌 주인공, 바로 사스레피나무입니다. 후박나무나 붉가시나무 같은 아주 오래되고 우거진 큰 나무가 주인이 아닌, 하늘을 가리는 큰 나무가 없는 산에는 숲 전체에서 이 나무가 가장 많은 경우도 종종 있습니다.

이즈음 바닷가 산기슭을 거닐다 스멀스멀 흘러나오는 향기를 느낀다면 우선 잎을 봅니다. 늘푸른나무로 사시사철 달고 있는 진초록의 잎은 색이 진하며 아주 두껍고 반질반질합니다. 길이는 손가락 한두 마디 정도이고, 가장자리엔 파도를 닮았는지 약간 울퉁불퉁하지요. 좀 더 가까이 다가서면 그 잎사귀 사이로 꽃들이 살짝 엿보입니다. 작은 꽃송이들이 줄기 아래쪽에서 땅을 향해 줄줄이 달리니 고개를 숙이고 아래에서 위를 바라보면 꽃들이 보이지요. 꽃들은 마치 작은 종과 같습니다. 새끼손톱보다도 작은 꽃송이들이 귀엽게 웃고 있습니다. 꽃은 희지도 그렇다고 노랗지도 않은 상앗빛으로 향기까지 개성 만점입니다. 한때 이 초록빛 잎들은 남쪽 바닷가에 지천이고 항상 싱그러운 잎새들이 무성한 까닭에 꽃꽂이의 재료로 잘려 나가는 수난을 당하기도 했습니다. 향기 담은 꽃들을 기억한다면 절대 함부로 하지 못할텐데 말이죠.

사스레피나무 Theaceae (차나무과) *Eurya japonica* Thunb.

맑고 아름다운 향기의 기억
분꽃나무

백 번 듣는 것이 한 번 본 것만 못하며, 깊이 느껴 보지 않은 일은 제대로 알기 어렵다고 합니다. 제게 있어서 분꽃나무가 그러합니다. 많은 이들이 분꽃나무가 아름답고 그 향기가 특별하다 해도 그냥 그러려니 했는데, 제대로 알고 느끼고 보니 오래도록 머리와 마음에서 떠나지 않네요.

대청도였습니다. 섬 이름만 들어도 설레지요. 특별한 풍광과 식물들 때문에 말입니다. 때를 맞추어 가면 선착장 건너편 바닷가 절벽부터 시작해서 어디든 이 꽃나무의 희고 둥근 꽃 덩어리들이 눈에 보입니다. 분꽃나무이지요.

분꽃나무에서는 은은한 향기가 묻어납니다. 수없이 많은 분꽃나무 곁을 스쳐 지날 때마다 어김없이 향기가 함께 번져 오는데 주체할 수 없을 만큼입니다. 아주 맑고 아름다운 향기가 말입니다.

분꽃나무는 서해와 남해를 따라 바닷가에서 주로 볼 수 있습니다. 주먹만 한 꽃 덩어리들은 희거나 아주 연한 분홍빛이지만 바닷가 절벽처럼 햇살이 잘 비추는 곳에서는 꽃송이도 많이 달리고 꽃 빛깔도 좀 더 진하지요. 바다를 보고 서 있는 분꽃나무의 풍광은 이즈음 만날 수 있는 가장 멋진 모습입니다.

분꽃나무 Caprifoliaceae (인동과) *Viburnum carlesii* Hemsl.

연둣빛 새잎 순결한 흰 꽃
병아리꽃나무

이름이 참 정답지요? 보지 않아도 사랑스러울 것 같은 이름인데 온갖 꽃이 지천인 봄의 절정에 연둣빛 새잎과 그 사이에 피어나는 순결한 흰 꽃이 참으로 깨끗하여 예쁘답니다. 왜 병아리꽃나무가 되었을까요? 병아리 하면 떠오르는 노란색 꽃이 아니어서 좀 어리둥절하지만, 그래도 꽃 핀 모습이 어린 병아리처럼 귀여워서 붙은 이름이 아니겠어요? 생각해 보면 병아리가 꼭 샛노란 병아리만 있는 건 아니니까요. 이밖에도 '대대추나무', '자미꽃', '이리화', '개함박꽃나무' 등 여러 가지 별명이 있습니다.

병아리꽃나무는 장미과에 속하는 작은키나무입니다. 봄이 한창일 때 새로 난 가지 끝에 꽃이 하나씩 달리는데, 많은 장미과 식물의 꽃잎이 5장인데 비해 4장씩이어서 알아보기 쉽습니다. 본래 자라는 곳은 황해도 남쪽입니다. 오래전, 바다를 끼고 이어지는 7번 국도를 따라 가는 길, 반쯤 볕이 드는 야산의 숲 가장자리 쯤에서 있는 듯 없는 듯 그렇게 피어 있던 이 꽃나무가 가장 기억에 남습니다. 포항의 영일만에 있는 자생지는 모감주나무 군락과 함께 천연기념물 제371호로 지정될 정도로 산에서 그리 흔하게 만나지는 나무는 아니지만, 요즈음 부러 키우고 싶어 심어 놓은 곳이 늘어나는 까닭에 구경하기 어렵지는 않습니다.

병아리꽃나무 Rosaceae (장미과) *Rhodotypos scandens* (Thunb.) Makino

5월
이 땅에서만
소중한 생명을 잇는 특산 식물

특산 식물은 전 세계에서 오직 우리 땅에만 자라는 식물입니다. 식물이 자라는 데 국경이 가로막을 수는 없지만, 생태적인 특성을 비롯하여 이 땅에만 자라는 식물이 있고, 그 수도 300종류가 넘습니다. 물론 그 안에는 나무도 있고 풀도 있습니다. 자연을 이야기하면서 국적을 따지는 것이 좀 이상할 수 있지만 경우에 따라서는 중요한 사항이 되기도 합니다. 학술적으로 보면, 식물 분화를 이야기해야 하는 식물계통학적인 연구에서 이 극동의 끝에만 분포하는 식물은 중요합니다. 식물 보전을 생각해도 마찬가지입니다. 이 넓은 지구 상에 헤아릴 수 없이 많은 식물이 존재하지만, 특산 식물은 우리가 보전하지 않으면 이 땅은 물론 지구 상에서 사라지기 때문입니다. 자원적인 측면에서도 중요하지요. 생물자원주권이 꼭 챙겨야 할 국제적인 이슈로 떠오른 지금, 우리에게 가장 우선권을 줄 수 있는 것이 특산 식물이니까요.

나무 중에서도 유명한 특산 식물이 여럿 있습니다. 가장 유명한 것은 '미선나무'가 아닐까 싶습니다. 미선나무는 특산종種인 동시에 특산속屬이기도 합니다. 집안 자체가 우리나라에만 있는 나무 집안이지요. 처음 발견된 자생지는 충북 괴산, 진천 등이어서 몇

꽃 색깔에 변이가 있는 미선나무는 분홍미선, 상아미선으로 구분하기도 합니다.

곳은 천연기념물로 지정되어 보호하고 있습니다. 하지만 이후로 경상도와 전라도 할 것 없이 국토 이곳저곳에서 자생지가 더 발견되어 얼마나 반가운지 모릅니다. 미선나무는 열매가 부채 모양을 닮아 붙은 이름인데, 봄이면 잎보다 먼저 줄기 가득 하얀 꽃이 피어 순결하고 곱습니다. 이 작은키나무에 꽃이 필 즈음 나무 가득히 풍겨 나오는 향기는 또 얼마나 맑고 좋은지요. 꽃 생김생김은 개나리와 비슷해서 '하얀개나리'라는 별명도 있지요.

오래전 한 식물원에 독일 수상 부인이 찾아오셨습니다. 식물을 잘 알고 가꾸는 것이 문화의 한 부분인 유럽이다 보니 초청의 조건 중에 한국의 식물을 보는 항목이 있었답니다. 우리 식물에 대한 인식이 없던 그 시절, 수상 부인이 먼저 미선나무를 알아보고 한국의 소중한 자랑거리라고 말했다는 이야기가 전해져 부럽기도, 부끄럽기도 했던 기억이 납니다. 그 사이에 상황은 조금 바뀌었습니다. 미선나무 자생지인 괴산에서는 적극적으로 이 나무를 증식하여 축제를 열만큼 풍성해졌고, 이 나무에 있는 특별한 성분에 주목하는 연구자들도 있습니다. 지난 2019년 삼일만세운동 100주년 기념일에는 이 나무가 세상에 알려진 지도 100년이 되는 날이어서 국립수목원이 주관하여 이 나무를 심고 나누어 주는 일을 하기도 했지요. 하지만 여전히 우리 중 여럿이 미선나무를 알지 못한 채 봄을 보냅니다.

안타깝기로 치면 '구상나무'도 만만치 않습니다. 구상나무 역시 특산 식물로 한라산이나 지리산과 같은 고산에 남아 있는 바늘잎나무이지요. 전나무와 같은 집안입니다. 구상나무는 나무 모양도 아름답지만 무엇보다 제 마음을 끄는 건 우뚝 솟아 기상이 넘치는 열매들입니다. 꽃은 봄이 한창일 때 피지만 이내 열매가 씩씩하게 달립니다. 짙푸른 구상나무의 잎사귀들과 어우러진 열매들을 바라보면 손이 절로 불끈 쥐어지고 힘이 납니다. 더욱 멋진 것은 그 열매의 장렬한 산화입니다. 소나무 열매인 솔방울은 익어 벌어져 그 사이에서 씨앗이 날아가도 솔방울 모양이 그대로 있지만, 구상나무 열매는 그 역할을 다하고 나면 바람이 불 때마다 조각조각 흩어져 흔적만을 남깁니다. 이 아름다운 구상나무는 조경수로도 아주 멋집니다. 특히 한라산의 구상나무는 줄기가 아래까지 늘어져 빼어난 자태를 뽐냅니다. 한동안 구상나무를 심으려는 노력들이 여기저기에서 있었는데, 갑자기 심어진 나무들이 적응을 하지 못하더군요. 게다가 고산성 수종이라 너무 까다롭다고 알려져 심으려는 노력도 포기했습니다. 그러던 중 멀리 유럽에서 들려온 소식에 따르면, 독일에서 가장 인기 있는 크리스마스트리와 정원수가 바로 한국전나무Korean Fir, 즉 구상나무라고 합니다. 우리가 까다롭다고 외면한 사이에 우리의 구상나무가 그리로 건너가 여러 품종을 만들며 사랑받는 존재가 되었다니, 아무래도 우리는 우리 나무에 대한 제대로 된 관심과 애정이 부족한 듯합니다.

특산 식물이었다가 그 지위를 상실한 나무도 있습니다. 봄에 바위틈에서 순백색의 흰 꽃을 아름답게 피워 내는 '매화말발도리'이지요. 처음에는 특산 식물로 알려져서 전 세계가 함께 쓰는 학명에도 '*koreana*'가 붙어 있었습니다. 하지만 비교적 최근에 학자들이 연구를 하며 전체적인 변이를 조사하다 보니, 다른 종인 줄 알았던 일본의 한 나무와 같은 종이라는 결론이 났습니다. 게다가 한국산임을 명시한 학명보다 일본에서 발표한 학명이 먼저여서 국제 식물명명규약에 따른 선취권에 밀려 학명도 바뀌어 버렸지요.

봄이면 지천으로 피어나는 '개나리'도 특산 식물입니다. 더욱이 학명이 'Forsythia koreana', 말 그대로 '한국개나리'라서 한국 특산임을 자랑스럽게 명시하고 세계가 함께 쓰고 있습니다. 그런데 이 나무에 대한 고민은 조금 더 심각합니다. 봄이면 온 사방이 샛노란 개나리여서 마음까지 환해지는데, 모두 다 아무렇게나 심어 놓았을 뿐 자생지를 확인하지 못해서지요. 처음 존재가 세상에 알려질 때엔 이 땅에서 스스로 잘 살고 있었겠지만, 숲에 자라던 야생 개나리들은 다른 나무들에 치이거나 숲이 사라질 때 함께 사라져 버렸습니다. 같은 집안 식물인 '산개나리'나 '만리화'는 간혹 볼 수 있지만요. 우리는 좋아서 심으면서도 개나리가 개나리답게 제대로 살아가는 일에는 무심했고, 줄기를 자르는 꺾꽂이로 복제된 개체만 헤아릴 수 없이 많이 만들었지요. 이는 무성 번식이어서 열매를 맺는 개나리도 찾기 어려워졌습니다. 우리는 진짜 개나리를 존중하고 사랑하지 않았던 거죠.

강원도 양구가 한반도 가장 남쪽의 자생지여서 천연기념물로 지정된 '개느삼'은 그래도 잘 살고 있는 우리 특산 식물입니다. 개나리처럼 노란 꽃들이 달리지만 밝은 녹색 잎과의 조화도 아름답고, 미선나무처럼 나무 집안이 이 땅에만 있는 귀한 나무랍니다. 북한에만 있다고 알려진 개느삼이 양구에서 자란다는 사실이 알려진 건 한 초등학생의 숙제 때문이었습니다. 자연을 벗 삼아 자라는 아이들에게 그곳 선생님께서 식물 표본 숙제를 내 주셨고, 한 학생이 만들어 온 표본을 우리나라 최고의 수목학자 이창복 교수가 우연히 보게 되었습니다. 그 학생에게 물으니 사단장님 댁

뒷산에 있다 하여 처음으로 알려졌지요. 그 자생지는 가치를 인정받아 법으로 보호하였고, 그 후로도 이 땅에 자라는 나무들을 보전하느라 이곳저곳 조사하다 보니 좀 더 남쪽에 새로운 자생지들도 발견할 수 있었습니다. 개느삼이 사라질 것을 염려하여 제가 일했던 수목원에서 증식 보전을 했더니 이젠 아주 여러 포기로 늘어나 봄이면 한 비탈면을 가득 채우며 밝게 피어납니다. 이 개느삼이 꽃피는 모습을 볼 때마다 아주 흐뭇하고 반가운 마음이 절로 든답니다.

눈부신 5월에 너무 딱딱한 이야기를 하였네요. 언제나 하는 말이시만 가장 먼저 해야 할 일은 우리 나무에 대한 관심과 애정을 기울이는 것이고, 그 첫 시작은 멈추어 서서 바라보기입니다. 지금 고개를 들어 나무를 바라보세요. 특산 식물이 아니어도 지금이 땅엔 다채로운 빛깔로 꽃을 피우고 향기와 녹음을 선물하는 나무들이 관심과 애정을 기다리고 있으니까요.

삶을 성장시킨 꽃향기 가득한
아까시나무

아까시나무와는 특별한 추억들이 있습니다. 제가 대학에 입학한 때에는 민주화 운동으로 조용할 날이 없었습니다. 낭만과 학문 대신 개인과 국가 혹은 이상과 현실, 이념 같은 새로운 개념이 엉킨 혼돈의 시간이었지요. 어느 날 동아리 선배는 후배들을 이끌고 아까시나무 향기를 찾아가자며 캠퍼스에 가득한 최루탄 가스를 뒤로 하고 관악산 자락에 올랐습니다. 산자락 어딘가에 모두 누워 말없이 오래도록 눈부신 5월의 푸른 하늘을 보았습니다. 그리고 향기롭고 달콤한 아까시나무의 향기를 가슴 가득 담았습니다. 그것으로 충분했습니다. 그 순간 제 자신에서 나아가 생각의 틀을 한 단계 넘어서고, 울타리 속 아이에서 사회 속 성인으로 탈바꿈하였습니다.

재미있게도 나무를 공부하겠다고 간 대학원에서 맡은 첫 프로젝트가 밀원 식물로서의 아까시나무 연구였습니다. 시간별로, 장소별로 개화와 꿀 분비량을 관찰하느라 낮이고, 밤이고 아까시나무 숲에 가서 꽃을 따고, 꿀을 추출하며 숱한 밤을 지새웠지요. 한 나무의 삶에 아주 깊숙이 들어간 그 경험을 통해, 학생에서 연구자로 또 한 단계를 넘어섰습니다. 매년 주체할 수 없이 피는 아까시나무의 꽃향기가 밀려들 때면 처음 시작하는 마음으로 다시 한 번 제 자신을 다잡게 됩니다. 그 어려운 길에 동무해 준 동료는 제 인생의 반려자가 되어 함께 하고 있으니 제게는 인생 나무입니다.

아까시나무 Fabaceae (콩과) *Robinia pseudoacacia* L.

꽃부리를 벌려 자연을 얘기하는
등칡

'가장 아름다운 자연 속 색소폰' 이렇게 이야기하면 식물을 좋아하는 이는 무엇인지 다 압니다. 바로 '등칡'입니다. 등칡이 색소폰 모양을 하고 꽃부리를 벌려 피어날 때 만나면 뭔가 이야기하고 있구나 싶은데, 정말 등칡이 꽃을 피우며 하고 싶은 이야기는 무엇일까요? 생각해 보았습니다. 소리는 나지 않지만 분명 그 속에는 맑고 아름다운 이야기가 담겨 있고, 그 이야기를 듣는 몫은 자연을 향해 마음을 여는 우리에게 달렸다고요.

세상에는 참 많은 소리가 존재합니다. 같은 사람이 쏟아 내는 소리도 어떤 마음을 담느냐에 따라 달라지는데, 왠지 요즈음에는 의도, 욕심, 모함, 왜곡 같은 것을 담은 소리들이 지천이어서 등칡의 꽃송이들이 내놓는 무언의 소리가 더욱 귀하게 느껴집니다. 여기에 보태어 회갈색의 덩굴줄기는 오랜 시간이 묵으면서 코르크가 만들어지듯 잘게 갈라져서 줄기만으로도 세월을 담아냅니다. 등칡은 사실 숲에서 만나기가 쉽지 않습니다. 희귀 식물의 범주에 넣기도 하지요. 숲이 우거지면서 반쯤은 볕이 들어야 하는 입지가 줄어들었기 때문이 아닐까 싶습니다. 열매는 짧은 오이 같은 열매가 달리는데 꽃보다 더욱 보기 어려워요. 깊은 숲, 깊은 꽃에 찾아와 꽃가루받이를 도와줄 곤충들을 만나기 어렵기 때문이 아닐까요.

등칡 Aristolochiaceae (쥐방울덩굴과) *Aristolochia manshuriensis* Kom.

맑은 계류 곁에서 청량한 향기가 된
찔레꽃

우리 어머니는 찔레꽃을 좋아하셨습니다. 정확히는 찔레꽃 향기를 좋아하신 것이지요. 그래서 찔레꽃 향기를 닮은 향수를 쓰셨고 어머니에게선 언제나 찔레꽃 향기가 났습니다. 식물을 공부하고 나서 산야에 지천인 찔레꽃을 만났습니다. 특별히 산이 머금은 맑은 물들이 흘러나오는 산 가장자리 계류에서 물가를 향해 늘어진 가지와 송이송이 꽃이 달려 아름다운 이 나무를 만났습니다. 순결한 순백의 꽃 빛에 스며 나오는 야생의 찔레꽃 향기는 어릴 때부터 알았던 그 향기보다 훨씬 더 청량하였습니다. 옛 여인들은 이른 아침, 찔레꽃 꽃잎에 맺힌 이슬을 모아 화장수로 썼다고 하니 생각만으로도 마음이 맑아집니다.

그 고운 꽃에 어찌 '찔레꽃'이란 이름이 붙었을까요? 꽃이 예뻐 손을 뻗어 탐내노라면 영락없이 줄기 가득한 가시에 찔리니 '찌르네' 하다가 '찔레'가 되었을 거라는 추측이 설득력 있게 들립니다. 알고 보면 찔레꽃은 장미와 같은 집안으로 장미를 만드는 야생 꽃나무 중 하나입니다. 저는 만들어진 장미보다 야생의 찔레꽃이 더 좋은데, 참으로 신기한 일은 벌과 나비도 화장을 한 성형 미인 같은 화려한 장미보다는 찔레꽃을 더욱 많이 찾아온다고 하네요. 본질을 꿰뚫는 안목은 자연의 일부인 곤충들이 앞서나 봅니다.

찔레꽃 Rosaceae (장미과) *Rosa multiflora* Thunb.

산에 퍼지는 연분홍 부드러움
철쭉

세월이 흐름에 따라 마음을 끄는 나무도, 나무나 풀에 피어나는 꽃도 달라집니다. 철쭉만 해도 그렇습니다. 예전에는 무리 지어 지천으로 피고 산등성이를 온통 붉게 만들던 진달래를 보고 마음이 흔들렸는데, 이젠 그 강렬함보다는 연분홍색 꽃 빛으로 산에 퍼지듯 피어나는 철쭉꽃의 부드러움에 더욱 마음이 끌립니다. 봄이면 화살촉 같은 꽃봉오리를 살며시 열며 피어나는데, 서두름 없이 충분히 무르익은 봄에 피기 시작하므로 꽃샘추위에 해를 당하는 일이 결코 없습니다.

꽃은 한 가지 끝에 2~7송이가 모여 달리는데, 꽃이 한껏 피어나면서 꽃잎은 솜사탕처럼 부드러운 연분홍빛이 되고, 5갈래로 갈라져 벌어지면서 제 모습을 드러냅니다. 꽃잎의 안쪽, 수술이 맞닿을 곳에는 자줏빛 선명한 반점이 점점이 박히어 소녀의 주근깨처럼 애교스럽답니다.

누구나 철쭉이라는 꽃 이름은 잘 알고 있는 듯하지만, 아쉽게도 진짜 철쭉은 알아보지 못한 채 진분홍빛 산철쭉이나 때로는 일본 품종들을 그냥 철쭉이라 부르기도 하지요. '슈리펜바흐'라는 러시아 해군에 의해 세계에 알려진 최초의 한국 식물인데도 말입니다. 진짜 우리 철쭉의 아름다움을 알아보는 일에서부터 우리 꽃 사랑을 시작해 보세요.

철쭉 Ericaceae (진달래과) *Rhododendron schlippenbachii* Maxim.

함박눈처럼 희고 함지박처럼 넉넉한
함박꽃나무

5월 깊은 산골짜기마다 함박꽃나무가 꽃망울을 매어 달기 시작합니다. 함박 같은 웃음을 활짝 웃으며 말입니다. 함박눈처럼 희고 순결하며, 함지박처럼 크고 넉넉한 아름다운 함박꽃나무.

함박꽃나무는 목련 집안 나무인데, 잎이 난 다음 꽃이 피어서 다르고, 큼직한 꽃송이가 다소곳이 고개 숙여 더욱 아름답습니다. 다른 목련 집안 꽃들과는 달리 싱그러운 잎사귀가 먼저 피고 그 사이사이로 하얗고 주먹만 한 꽃송이가 다소곳이 고개를 숙이고 피어나며, 거기에 풍겨 나오는 향기 또한 일품입니다.

사람들은 흔히 함박꽃나무를 '산에서 피는 목련'이라 하여 '산목련'이라고 하고, 지방에 따라서는 '함백'이라고도 하며, 조금은 낮추어 '개목련'이라고도 부릅니다. 그러나 한자 이름은 '천녀화天女花'라고 하여 천상의 여인에 비유합니다.

그런데 이렇게 함박꽃나무 칭찬을 해도 좋을까 하는 고민이 생깁니다. 북한에서는 함박꽃나무를 두고 '목란'이라고 부르는데, 바로 이 목란이 북한의 나라꽃입니다. 북한의 나라꽃을 진달래로 알고 있는 분이 많은데, 함박꽃나무로 바뀌었지요. 꽃을 꽃으로 좋다고 한 것이니 설마 다른 오해는 없겠지요?

함박꽃나무 Magnoliaceae (목련과) *Magnolia sieboldii* K.Koch

봉곳한 꽃봉오리가 호리병을 닮은
병꽃나무와 붉은병꽃나무

병꽃나무(285쪽 위)는 좀 억울하겠다 싶습니다. 생각해 보면 참고운 꽃이 피는 나무인데, 그 아름다움에 비해 사람들이 귀하게 생각해 주지 않기 때문입니다. 봄이 한창일 때 가지 사이사이에서 좁은 깔때기 모양의 고운 꽃들이 1~2송이씩 달립니다. 재미난 것은 그 빛깔입니다. 처음 봉곳하니 올라온 꽃봉오리가 벌어질 즈음이면 그 꽃잎의 빛깔은 노랗지도 희지도 않은 색이었다가, 점차 시간이 흐를수록 약간 붉은빛을 띱니다. 살짝 벽돌 빛이 돈다고 해야할까요? 정말 오묘한 꽃 빛깔을 가진 나무이지요. 물론 아주 진한 분홍색 꽃이 핀다면 그건 '붉은병꽃나무(285쪽 아래)'입니다.

'병꽃나무'란 이름은 꽃을 보고도 열매를 보고도 연상할 수 있습니다. 꽃봉오리 모습이 호리병 같기도 하고, 벌어지기 전의 열매 모습도 호리병을 연상시킵니다. 사실 병꽃나무는 좋은 점이 많은 나무입니다. 우선 우리나라에만 있는 특산 식물이고, 대부분의 특산 식물이 분포지가 제한되고 가리는 곳이 많아 까다로운 반면 병꽃나무는 자라는 곳을 크게 가리지 않고 척박한 곳에서도 잘 자라니 말입니다. 언제나 곁에 있는 나무도 의미 있게 만날 줄 아는 마음이 진짜 나무 사랑이다 싶습니다.

병꽃나무 Caprifoliaceae (인동과) *Weigela subsessilis (Nakai)* L.H.*Bailey*
붉은병꽃나무 Caprifoliaceae (인동과) *Weigela florida* (Bunge) A.DC.

모과 향기만큼 곱디고운 꽃피는
모과나무

  사람들은 흔히 모과를 두고 세 번 놀란다고 합니다. 우선 모과
가 너무 못생긴 과일이어서 놀라고, 또 못생긴 과일의 향기가 정
말 좋아서 놀라고, 마지막으로 그 과일의 맛이 없어서 놀란다고
하지요. 그런데 저는 모과나무에 정말 크게 놀란 적이 있는데요,
못생긴 과일의 대명사인 이 나무에 핀 꽃이 참으로 아름다웠기 때
문이죠. 모과나무라는 선입견과는 너무나 어울리지 않은 곱디고
운 5장의 꽃잎은 수줍은 새색시의 두 볼처럼 그렇게 붉었습니다.
그 이후 모과나무가 있는 풍광이 진정으로 아름답고 정겹게 느껴
졌으며, 이 나무를 사랑하게 되었습니다.
  그런데 알고 보면 모과나무는 장미과에 속합니다. 꽃이 고운 것
이 당연하다는 이야기지요. 본시 모과나무의 고향은 중국이며 중
국에서는 이미 2천 년 전에 과수로 심었다고 합니다. 열매인 모과의
향기와 특별한 효능은 널리 알려져 있지요. 얼룩얼룩한 나무껍질도
아주 운치가 있어 고급 가구를 만드는 데 썼습니다. 〈흥부전〉에서
부자가 된 흥부의 세간이 탐이 난 놀부가 화초장을 메고 가는데,
바로 모과나무 목재로 만든 거라네요. 알록달록한 무늬가 돋보이
는 수피도 아름답고 그 목재의 속살도 멋지니 이 나무를 곁에 두
고 지내면 또 어떤 즐거움이 기다리고 있을까요?

모과나무 Rosaceae (장미과) *Pseudocydonia sinensis* (Thouin) C.K.Schneid.

평범한 숲에서 매력을 뽐내는
덜꿩나무

덜꿩나무는 다소 이름이 낯설게 느껴지기도 합니다. 하지만 생각보다 우리나라 어느 산에서나 만날 수 있는 흔한 나무입니다. 이 나무를 왜 아직까지 몰랐나 싶을 만큼 가깝게 있지요. 봄에는 꽃과 그 꽃송이들을 받치는 잎으로, 가을에는 붉은 열매로 만나고 나면 수수하면서도 개성 있는 독특한 매력을 발견하게 됩니다.

덜꿩나무는 잎 지는 작은키나무입니다. 특별한 장소에서 특별한 모습으로 사는 것이 아니라 평범한 숲속에서 다른 나무들과 이리저리 섞이고 어우러져 사니 격이 없는 나무라고 할까요? 작은 꽃들은 원반처럼 둥글게 모여 달리고, 그 아래 잎은 서로 마주 보며 달립니다. 잎자루가 각을 이루고 젖혀져 꽃을 잘 돋보이게 하니 잎 자신도 잘 드러납니다.

왜 덜꿩나무가 되었을까요? '들꿩나무'에서 '덜꿩나무'로 변한 것이 아닐까 싶기도 합니다. 가을에 열매가 익으면 산에 사는 들꿩들이 잘 먹게 생겼으니 말입니다. 새가 찾아오는 공간을 만들려면 먼저 나무를 심고 숲을 가꾸어야 한다는 이야기를 덜꿩나무가 하고 있는 듯 합니다. 팬데믹 시대를 거치며 자연을 소비의 대상으로 생각하는 것이 아니라 여러 생명과 더불어 살아가야 하는 때임을 더욱 깊이 느끼게 되었습니다.

덜꿩나무 Caprifoliaceae (인동과) *Viburnum erosum* Thunb.

6월
귀하디 귀한 희귀 나무
더 사라지지 않게

'노랑만병초'는 진달래와 같은 집안의 식물이지만 늘 푸른 잎을 가지고 있습니다. 넓적하고 반질반질한 잎들이 모여 달리고 연한 노란색의 꽃이 피어나지요. 그냥 '만병초'도 있는데 연분홍색 꽃이 핍니다. 꽃은 지금 피지만 숲에서 이 꽃나무들을 발견하려면 역설적이게도 눈 내린 하얀 겨울이 좋습니다. 모든 잎이 져 버린 한겨울이면 길쭉하고 둥그런 진초록의 잎사귀들이 가장 눈에 잘 띄니까요.

백두산이 아닌 남쪽에서 이 귀한 나무 노랑만병초의 특별한 꽃을 구경하고 싶다면 설악산에 올라야 합니다. 설악산에 가도 결코 쉽지는 않습니다. 가장 높은 봉우리인 중청봉에서 대청봉으로 올라가는 그 사이 어딘가, 바람이 거세 나무마저 몸을 낮춘 고산 초원 지대를 열심히 찾아다니다 보면 그 틈 어딘가에 노랑만병초가 피어 있을 것입니다.

생각해 보면 노랑만병초의 특별함은 매력적인 모습에도 있지만 그보다는 그 희소성에 있는 듯합니다. 식물에 마음을 빼앗기면 점점 더 귀한 나무와 귀한 풀이 보고 싶어집니다. 노랑만병초가 남쪽에서 자신의 모습을 내어 보여 준 사람이 그리 많지 않으니 점점 식물에 빠져 드는 사람이라면 꼭 한번 구경하고 싶은 그런 나무가 되지요.

희귀하기로 치면 나무 중에는 당연히 '돌매화나무'를 꼽을 수 있습니다. 이름 그대로 돌 틈에 자라며 매화를 닮은 흰 꽃이 피는 나무이지요. 한자로 '암매巖梅'라고 합니다. 우선, 이 돌매화가 자라는 돌 틈은 매우 특별합니다. 한라산, 그것도 백록담을 둘러싼 서벽과 북벽에 참으로 드물게 자랍니다. 너무 귀하여 이 나무를 보전하는 곳에서는 그곳의 모든 개체를 하나하나 기록하여 관리하고 있을 정도니까요.

척박한 현무암 사이, 양분이라고는 하나도 보듬지 못할 것 같은 그 바위틈에서 돌매화나무는 모진 바람을 맞고 견딥니다. 또 작고 두껍고 질긴 진녹색의 잎사귀 위로 매화를 닮은 5장의 꽃잎을 가진 흰 꽃을 구경하는 건 평생에 한 번 얻기 힘든 호사입니다. 이 나무가 살아가는 서북벽은 사실 허가 없인 접근할 수 없는 곳이며, 어렵게 허가를 받아 찾아가도 개화에 맞추어 만나기는 행운과 인연 없인 어려운 일이지요.

돌매화나무를 보면 실은 이것이 나무라는 사실도 신기합니다. 그 키가 한 뼘 아니 꽃이 피지 않았다면 손가락 길이만큼도 자라지 못하여 아주아주 작으니까요. 수십 년씩 그 땅에 뿌리를 박고 자라는 나무여도 몇 줌 되지 않을 만큼 작답니다. 그래도 나무임은 틀림없습니다. 가장 극한 환경에서 가장 극단적으로 적응하여 살아가는 돌매화나무, 그런데 어쩌면 이렇게 여리고 곱고 아름다운 꽃을 피워 낼 수 있을까요? 세파에 시달려 심성까지 바뀌는 사람과 나무는 사뭇 다른 듯합니다.

노랑만병초

월귤

사람이나 나무나 희귀해야 대접을 받는가 싶었는데, 그 희귀하다는 것에 다소 혼란을 준 나무가 있습니다. 바로 '월귤'입니다. 월귤도 매우 귀해서 법적인 보호를 받는 식물로, 지금 막 월귤을 새롭게 발견한다면 뉴스에 소개해도 전혀 이상하지 않을 만큼 귀합니다. 제가 일했던 수목원팀이 지구 상에서 가장 남쪽에 있는 자생지를 발견하여 이제 그곳을 아무도 건드리지 못하게 울타리를 쳐서 보전했을 정도니까요. 월귤이 도대체 어떤 나무냐고요? 이 나무 역시 나무치고는 아주 작고 동글하며 늘 푸른 잎을 가지고 있는데, 키가 작아 바닥에 깔리듯 자랍니다. 이즈음 가지 윗부분이나 잎 사이에서 꽃자루가 나와 2~3송이씩 꽃이 달리는데 끝이 뒤로 살짝 젖혀진 작고 귀여운 연분홍색 꽃이지요. 여름이 갈즈음 익기 시작하는 열매는 구슬처럼 생겼는데 붉은빛이 선명해서 진초록의 잎사귀와 썩 잘 어울린답니다.

어렵게 살아가는 월귤 몇 포기(너무 작은 나무라서 그루라고 말하기가 어렵습니다)를 아주 극적으로 찾아내 만난 것을 매우 자랑스럽게 여기고, 열매 몇 알을 애지중지 가져와 어떻게 보전할까 고민하던 즈음, 한반도에서 북쪽으로 한참을 올라간 러시아 캄차카로 식물 조사를 떠났습니다. 먼지를 뒤집어쓰고 하루를 달려서 깜깜해진 밤에 민박집에 도착하였는데, 러시아 민박집 할머니는 그 피곤한 외국인에게 오미자차와 빛깔이 닮은 맛난 과즙을 한 잔 건네주셨습니다. 그 멋진 주스에 반해 물으니 근처 산에 지천인 나무에서 딴 열매의 즙이라고 하셨습니다. 다음 날 아침 찾아가 보니 그 나무는 다름 아닌 월귤이었습니다. 한국에서는 열매 몇 알을 가지고 행여 하나라도 놓칠까 전전긍긍이었는데, 전날 밤 저는 그 열매들로 짠 주스를 마신 것이지요.

알고 보면 월귤은 북방계 나무여서 식물이 살 수 있는 가장 북쪽과 가까운 그곳 숲에서는 흔한 잡목이었습니다. 이 나무가 남으로 남으로 내려와 가장 남쪽의 끝인 우리나라에서는 더없이 희귀한 존재가 된 것이지요. 때론 이렇게 국경을 넘어 지구 차원에서 나무들을 바라보면 귀하고 흔함의 기준이 달라진다는 것을 깊이 깨달은 계기였습니다. 식물 공부도 우물 안 개구리가 되어서는 안 된다는 좋은 교훈을 얻었습니다. 사실 이 경험이 하도 특별하여 이렇게 외치고 싶긴 합니다. "월귤 주스 먹어 본 사람 나와 보라 그래~!"

이즈음 생각나는 귀한 나무가 또 있습니다. 제게는 이 나무를 만났던 풍광이 마치 전설의 한 장면 같답니다. 그 주인공 나무는 다름 아닌 '왕자귀나무'입니다. 희귀 식물을 보전하는 프로젝트에 열중하던 오래전 일입니다. '왕자귀나무는 목포 유달산에서 자란다'는 책에 쓰인 달랑 한 줄의 글귀만 보고 혼자 무작정 목포로 떠났습니다. 무슨 용기였는지 지금도 모르겠습니다. 유달산이 큰 산은 아니지만 막상 산 아래 도착하고 보니 동으로 갈까 서로 갈까 막막하기 이를 데 없더군요. 하릴없이 비척비척 산길을 오르는데 어디선가 아주 은은한 꽃향기가 느껴졌습니다. 무엇에 홀린 듯 눈이 아닌 후각에 의지하여 그 향기를 쫓아 한참 산길을 걸었습니다. 그러다 어느 모퉁이를 돌자 제 눈앞에는 그동안 상상으로 수없이 만났던 왕자귀나무가 바다를 배경으로 아름답고 풍성하게 펼쳐져 꽃피우고 있었습니다. 그 이후에 목포 근처 몇몇 산에서도 왕자귀나무를 찾아냈지만, 향기에 홀려 나무를 찾은 이 이야기는 제겐 분명 전설로 남았답니다.

희귀 식물의 범주에 들어 보전되고 있는 나무들은 이외에도 여럿입니다. 눈잣나무, 이노리나무, 눈측백나무, 남쪽으로 가면 박달목서, 섬개회나무, 개가시나무, 붓순나무, 초령목, 덩굴옻나무, 울릉도로 길을 떠나면 솔송나무, 섬백리향, 섬댕강나무, 두메오리나무까지 이 땅에서 살아가는 데 위협을 느끼는 나무들은 여전히 수없이 많지요.

이 땅의 나무들과 풀들을, 나아가 생명들을 제대로 관리한다는 것은 무엇일까요? 자연이란 그냥 그대로 두는 것이 가장 좋지만 사람이 살아가려니 집을 지을 땅이 필요하고 농사지을 땅도 필요하며, 산엔 길도 생깁니다. 당장은 알 수 없지만 미래에 무엇으로든, 어떤 의미로든 될 수 있는 나무들을 오늘 우리의 소홀함으로 사라지게 할 수는 없는 일입니다. 그래서 우리는 오늘도 이 희귀한 나무들을 찾아내고 기록하고 보전하는 일에 마음과 시간을 쏟고 있습니다.

높은 스님들의 염주로 다시 태어나는
모감주나무

모감주나무가 한창 꽃을 피우면 안 보려 해도 보지 않을 수 없습니다. 정말 밝은색의 노란 꽃송이들이 나무 가득 피어 있기 때문입니다. 모감주나무는 그리 무리 지어 피면 더할 수 없는 장관을 이루고, 1~2그루 서 있어도 우아하게 나무 모양을 잡고 있으니 그 꽃만으로도 황금빛 물결을 보듯 화려하고 아름답습니다. 더다가가 노란 꽃잎을 자세히 보면 아래쪽에 붉은 점이 있어 애교스럽기도 합니다.

열매도 재미납니다. 웬 꽈리가 나무에 달렸나 싶다면 그게 바로 모감주나무 열매이지요. 열매 주머니를 벗기면 드러나는 씨앗은 까맣고 반질거리며 시간이 지날수록 단단해집니다. 그래서 이 씨앗으로 염주를 만드는데, 신기한 것은 염주를 엮으려고 씨앗에 구멍을 뚫을 때 2~3밀리미터 정도만 바늘로 꿰어도 나머지는 저절로 뚫어진다지요. 하지만 모감주나무 염주는 워낙 귀한 탓에 높은 스님들의 차지였습니다. 그래서 별명이 '염주나무'입니다. '모감주나무'라는 이름은 닳거나 소모되어 줄어든다는 뜻의 '모감耗減'에서 유래했다는데 이 역시 염주와 연관이 있는 것이겠지요. 안면도 바닷가에 무리 지어 자라는 모감주나무를 보면 중국에서 바다를 건너온 것이려니 했는데, 남해안에서도 동해안에서도 '행복한 나무'라는 이 나무의 꽃말처럼 행복하게 자라고 있어 참 좋습니다.

모감주나무 Sapindaceae (무환자나무과) *Koelreuteria paniculata* Laxm.

결점을 넘어서서 멋진 성공을 이룬
산딸나무

6월 숲의 주인공은 단연 산딸나무라는 데는 크게 이견이 없을 듯 보입니다. 나무 전체를 모두 희게 뒤덮은 그 특별하고도 깨끗한 아름다움을 그 누가 흉내 낼 수 있을까요?

그런데 식물학적으로 우리가 한 송이의 꽃이라고 인식한 것은 실제로 수십 송이 꽃이 모인 꽃차례입니다. 산딸나무의 꽃은 아주 작습니다. 이 작은 꽃들이 공처럼 둥글게 모여 달리는데 지름이 1센티미터 남짓이니 가뜩이나 우거진 초여름 숲에서 눈에 잘 띌 리가 없지요. 그렇다면 우아하고 아름다운 꽃잎처럼 생긴 것은 무엇이냐고요? 바로 꽃차례를 받치고 있는 흰색의 포입니다. 작은 꽃잎이 극복할 수 없는 문제를 포가 대신 발달하여 그 누구보다 크고 화려한 꽃나무로 만든 것이지요. 자신의 결점을 극복하고 다른 특징을 개발하여 그 누구도 따라오지 못하는 멋진 성공을 거둔 나무입니다.

'산딸나무'라는 이름은 산에서 자라는 큰 나무에 딸기 같은 열매가 달린다 하여 붙은 것입니다. 열매의 모습도, 가을이 깊어가며 자줏빛으로 물드는 단풍의 빛깔도 참 곱습니다. 한때 영어 이름이 예수님의 십자가를 만들었다는 도그우드Dogwood와 같아 심어졌다가 아닌 것이 밝혀져 제거되는 수난을 겪기도 했지만 여전히 우아하게 아름답습니다.

산딸나무 Cornaceae (층층나무과) *Cornus kousa* F.Buerger ex Miquel

작은 종을 보듯 포도송이를 만난 듯

때죽나무와 쪽동백나무

햇살만 보아도 눈이 부신 계절, 나무 가득 매어 달린 때죽나무(301쪽 위) 꽃송이들이 일제히 내려다볼 때, 그 나무 아래 서서 꽃들을 올려다보는 감동을 아실지 모르겠습니다. 참으로 하얗고 순결한 은종 같은 꽃들이 살랑대는 봄바람에 흔들리기라도 하면 사방으로 퍼져 가는 그 향기는 상큼한 레몬향 같기도, 앳된 숙녀에게서 전해지는 여린 화장품 내음 같기도 하여 때죽나무 아래에서의 순간은 세상 가장 큰 아름다움을 위해 잠시 정지된 듯 느껴집니다. 옛 제주에서는 이 나무에 줄을 달아 빗물을 모아 썼는데 오래도록 상하지 않았다고 합니다. 마음도 물도 맑게 해 주는 제가 좋아하는 꽃나무랍니다.

때죽나무 꽃이 질 즈음이면 쪽동백나무(301쪽 아래) 꽃이 핍니다. 두 나무의 꽃 한 송이 한 송이 모습은 같은데 때죽나무 꽃이 층층이 자란 긴 가지에서 다시 갈라진 잔가지 사이마다 아래를 향해 2~4송이씩 모여 그 수가 헤아릴 수 없을 만큼 많은 것과는 달리, 쪽동백나무는 20송이 정도의 꽃이 포도송이처럼 길게 모여 꽃차례를 이루고 피어납니다. 때죽나무는 꽃이 피고 나면 잎이 눈에 들어오지 않지만, 쪽동백나무는 오동잎처럼 큼직하고 둥근 잎사귀와 자연스럽게 조화를 이룬 꽃송이들이 또 다른 매력이지요.

때죽나무 Styracaceae (때죽나무과) *Styrax japonicus* Siebold & Zucc.
쪽동백나무 Styracaceae (때죽나무과) *Styrax obassia* Siebold & Zucc.

갈피갈피 줄기마다 층층이 흰 접시 올린
말채나무

 말채나무 가지 가득 꽃이 피면 신록이 아름다운 이 계절, 초록 잎사귀가 무성한 가지에 흰 눈이 소복이 앉은 듯 아름답습니다. 갈피갈피 펼쳐진 줄기에 층층이 흰 접시를 올린 것처럼 흰 꽃들이 핍니다. 꽃 한 송이 한 송이는 작지만 이내 둥근 원반 같은 꽃차례를 만들어 가지에 달리고, 다시 줄기 전체에 모아지고 펴져 그렇게 아름다운 것입니다. 그냥 보면 층층나무와 아주 비슷해요. 잎을 보면 구분할 수 있는데 마주 달려 있다면 말채나무가 되고, 어긋나게 달려 있으면 층층나무가 되지요. 같은 집안 나무들이랍니다. 숲에 빈틈이 생겨 볕이 비출 때 가장 먼저 들어와 층을 올리며 쑥쑥 자라오르는 층층나무를 알아보기 시작했다면 숲속 나무들과 친구가 된 것이고, 잎을 보고 층층나무와 말채나무를 구분할 수 있다면 친한 친구가 된 셈이에요.

 '말채나무'라는 이름은 새로 나서 낭창거리는 줄기가 말채찍으로 적합하여 붙였다고 합니다. 옛사람들은 주마가편走馬加鞭, 즉 '달리는 말에 채찍을 가하면 더욱 잘 달리게 된다'는 뜻을 가지고 말채나무를 심었다 합니다. 이 아름다운 꽃나무로 만든 채찍은 잘못한 일에 대한 꾸중이 아니고 더 잘하라는 격려의 뜻이 되었으면 합니다. 모든 격려가 말채나무 흰 꽃처럼 순수하고 아름다운 격려이면 참 좋겠습니다.

말채나무 Cornaceae (층층나무과) *Cornus walteri* F.T.Wangerin

하늘의 천사들이 부채춤 추는
백당나무

함께 일하던 분이 그러더군요. 백당나무 꽃이 핀 모습은 마치 하늘의 천사들이 내려와 부채춤을 추다가 활짝 핀 부채를 서로서로 동그랗게 연결하고, 다시 큰 원을 만들어 빙글빙글 도는 마지막 장면 같다고요. 정말 딱 맞는 표현입니다. 흰 꽃이 여러 개 모여 둥근 꽃차례를 만들었으니까요. 그런데 이 꽃차례를 만드는 꽃들은 자세히 보면 두 종류임을 발견할 수 있습니다. 부채처럼 가장자리에 삥 돌려나는 꽃들은 예쁘게 보여 곤충들을 불러 모으느라 정작 중요한 수술과 암술이 퇴화된 무성화이고요, 그 안쪽에 자잘한 꽃들이 진짜 씨앗을 맺을 수 있는 유성화이지요. 말하자면 두 종류의 꽃이 분업과 협업을 하는 것입니다. 이토록 아름다운 모습으로 말이지요.

백당나무는 꽃이 지고 난 후의 붉은 열매도 정말 멋진데, 열매는 가을에 구경할 수 있습니다. 정원에 많이 심는 나무 중에 '불두화佛頭花'란 나무가 있는데 백당나무 유성화를 모두 무성화로 만들어 화려한 정원수가 된 나무입니다. 더 풍성하게 보이지만 곤충을 부르거나 결실을 할 수 없으니 저는 언제나 백당나무 편입니다.

사실 백당나무는 이렇게 좋은 모습만 있는 게 아니라 치명적 약점도 있는데 바로 나무 전체에서 냄새가 난다는 사실입니다. 꽃을 보면 도저히 상상하기 힘든 조금 찜찔하고 안 좋은 냄새 말입니다.

백당나무 Caprifoliaceae (인동과) *Viburnum opulus* L. var. *calvescens* (Rehder) H. Hara

7월
이야기 가득한
그 나무만의 이름 짓기

물푸레나무는 나무를 만나기 전에 이름을 먼저 알았던 나무입니다. 오규원 시인의 〈한 잎의 여자〉라는 시에 "물푸레나무 그 한 잎의 솜털, 그 한 잎의 맑음"이라는 구절이 참으로 마음에 와닿았습니다. 숲에서 만난 이 나무에서 잎에 난 솜털을 찾지 못했지만 그 맑음은 느낄 수 있었습니다. 시인은 어떤 보드라움을 솜털이라고 말했을까요? 지금도 여전히 궁금합니다.

잎을 물에 담그면 푸른 물이 흘러나와서 물푸레나무가 되었답니다. 물푸레나무는 계곡이 바라다보이는 숲에서 만날 수 있습니다. 어린나무들은 줄기에 얼룩덜룩 회색 무늬가 독특하지요. '물푸레나무', 참 멋진 이름입니다. 그 뜻도 어감도요.

앞에서 살펴보았던 꽃들이 생각나시나요? 어린 노루의 귀처럼 생긴 '노루귀', 꽃 모양이 흰 방울처럼 고운 '은방울꽃'이요. 왜 그런 이름이 붙었을까 생각하고 식물을 보면 훨씬 재미나고 부쩍 가까워진다는 사실 말입니다. 나무도 같습니다. '고추나무'는 왜 고추나무가 되었을까요? 우리가 매운 열매를 따 먹는 풀인 고추와는 식물학적으로 전혀 다른 종류이지만, 잎만 보면 꼭 고춧잎을 닮았습니다. '국수나무'는 또 왜 국수나무일까요? 줄기를 잘라 보면 그 속에서 '수髓'라고 부르는 해면 조직이 나오는데 이것이 꼭 국수 가락 같습니다. '오갈피나무'나 '칠엽수'라고 하면 금방 떠오르는 것이 있나요? 변이가 있긴 하지만 생각한 것처럼 오갈피나무는 5장의 잎이 모여 달리고, 마로니에라고도 하는 칠엽수는 7장의 잎이 달리지요. '중대가리나무'라는 이름은 처음 듣고 얼마나 민망하던지요. 하지만 제주도 돈네코 계곡 틈바귀에서 이 나무의 특별한 꽃 모양을 본 순간 절로 웃음이 나왔습니다. 스님들께 죄송했지만 재미있던 만큼 금세 친근해졌답니다. 그래서 조상들이 장난스러운 이름을 붙였나 봅니다. 모두 형태적인 특징을 보고 붙여진 이름이랍니다. 또 '생강나무'는 어떨까요? 식물체에서 향긋하고 그윽한 생강 냄새가 나서 이름이 붙여졌습니다. 물론 우리가 차를 끓여 마시거나 양념으로 넣는 생강은 더운 나라에서 들어온 풀이니까 전혀 다른 종류의 식물이지요. 생강나무의 별명은 동백나무 혹은 올동백, 산동백 등인데 왜 그런 별명이 붙었을까요? 바로 씨앗에서 기름을 짜기 때문이지요. 생강나무는 냄새로 이름이 지어지고, 쓰임으로 별명도 생긴 다소 독특한 나무입니다.

식물분류학을 처음 배우던 시절, 저는 우리나라 식물 분류의 대가이신 이창복 교수님께 가르침을 받았으니 정말 행운이지요. 선생님께서는 매주 주말을 식물 분류 실습의 날로 정하시고는 산과 들로 저희를 이끄셨습니다. 그때는 식물들이 눈과 마음에 완전히 들어앉지 않던 시절이라 특별한 개성이 없어서 번번이 여쭙게 되는 나무가 몇몇 있었지요. 다소 한심하고 부족한 제자의 물음에 식물은 맛으로도 알아야 한다며 한 번 씹어 보라고 말씀하신 나무가 있었는데, 바로 '소태나무'입니다. 그 맛은 당연히 소태처럼

오갈피나무	칠엽수
중대가리나무	

씁니다. 소태나무는 그 맛 때문에 붙여진 이름입니다.

쓴맛 이야기가 나왔으니 말인데 잎을 씹어 보면 아주 쓴 나무가
또 하나 있습니다. 우리가 흔히 라일락이라고 부르는 '수수꽃다리'
입니다('라일락'은 수수꽃다리, 꽃개회나무, 절향나무 등의 집안을 통틀
어 부르는 영어 이름으로, '리라꽃'이라고도 합니다). 재미난 것은 이 수
수꽃다리의 잎이 사랑을 표시하는 하트, 즉 심장 모양을 꼭 닮았
습니다. 한창 나무를 배우던 청춘에 수수꽃다리 향기에 취해 사랑
의 쓴맛에 대해 이야기하던 추억이 떠오르네요.

이름이 그 유래에 얽힌 나무들도 있습니다. 그중 재미난 것은,
이즈음 흰 꽃들이 아름다운 덩굴 식물 '사위질빵'이지요. 예전에
한 마을에는 추수할 때면 온 동네 사위들이 처갓집을 찾아가 가
을걷이를 돕는 좋은 풍속이 있었답니다. 보통 덩굴 식물의 줄기는
칡이나 댕댕이덩굴처럼 질기고 단단하여 지게의 질빵, 즉 끈으로
만들어 많은 짐을 져도 끊어지지 않았죠. 애지중지 귀한 사위가
무거운 짐을 지는 것이 마음 아팠던 장모님은 사위의 지게 끈을
바로 이 덩굴나무 줄기로 만들었습니다. 이 줄기는 무게를 견디지
못하고 자주 끊어져서 사위가 짐을 많이 못 지게 했고, 여기서 이
재미난 이름이 붙었습니다. '할미밀망'도 이와 비슷한 이유로 이름
이 지어진 비슷한 식물입니다.

'이팝나무'에는 배고픈 시절 백성들의 어려운 사연이 담겨 있어
마음이 아련합니다. 그 이름은 '이밥나무'가 변하여 되었다지요. '이
밥'은 흰쌀밥을 가리키는 말로, 이씨 왕족들만 먹을 수 있다 하여
그리 불렀답니다. 봄의 부드러움은 사라지고 여름의 기운이 조금씩
느껴질 즈음 나무 가득 하얗게 피어나는 이팝나무의 아름다운 꽃들

층층나무와 말채나무는 한집안 식구로 아주 비슷한데, 층층나무(사진)는 잎이 어긋납니다.

을 바라보며 흰쌀밥을 연상했다니 얼마나 어렵게 살았는지 짐작이 갑니다. 이팝나무 중에는 천연기념물로 지정된 나무들도 있는데, 마을 입구에 이팝나무 꽃이 필 즈음 마을 사람들이 그 꽃이 얼마나 피었는가를 보며 한 해의 풍흉을 점쳤던 덕에 지금까지 살아남았다고 합니다. 여름을 앞두고 입하立夏에 피기 시작한다 하여 '입하목'에서 '이파목', 그리고 '이팝나무'가 되었다는 이야기도 있습니다. 이렇게 나무의 사연을 듣고 보니 와락 정다운 마음이 들지요?

앞에서 이야기한 '충충나무'는 숲길을 걸으며 나무를 익히는 분들께 꼭 알려 드리는 나무 중 하나입니다. 나무의 줄기가 충충이 잘 발달하여 이런 이름이 붙었습니다. 줄기가 충충이 아름답게 펼쳐지는 모습을 한 번만 보고 나면 금세 알아볼 수 있는 나무이지요. 생태학자들은 충충나무를 '숲의 선구수종'이라고 부릅니다. 우거진 숲에 길이 나서 햇볕이 드는 틈이 생기면 선구자처럼 가장 먼저 자리잡고 그 햇살을 받아 매년 한 충씩 쑥쑥 자라기 때문이죠. 숲길을 걸으면 그 길 가장자리에서 발견하여 알아보기도 쉽답니다. 숲의 나무와 가까워진 징표로 남들이 잘 알지 못하는 이 충충나무의 유래와 생태적인 특성을 함께 이야기하며 어깨 한번 으쓱해 보는 것도 좋을 듯해요.

이렇게 한층 싱그러워진 초록의 숲에서 가까운 나무, 먼 나무('먼나무'라는 늘 푸른 넓은잎나무도 있습니다), 이 나무(진짜 이름이 '이나무'인 나무도 있지요), 저 나무 기웃기웃 말 걸어 가며 생명력이 충만한 초여름을 만끽해 보세요. 문득 온몸으로 초록 나무의 생기가 전달되고 행복함이 느껴지며, 무엇이든 할 수 있는 새로운 의욕이 샘솟을 거예요.

좋은 부부 금실을 기원하는 합환목
자귀나무

여름이 무르익을 대로 익었는데, 명주실처럼 고운 실타래를 풀어 피워 낸 듯한 자귀나무의 진분홍빛 꽃이 시원스럽게 느껴지니 참 이상합니다. 그 모양새 때문일까요? 초록빛 잎사귀를 무성히 매어 달고 퍼지듯 사방으로 드리운 가지며, 그 끝에 하늘을 향해 매달린 꽃송이들은 야성의 싱그러움을 주면서도 그 개성 있는 조형미가 정말 멋지지요.

소나기가 몰려왔다 지나간 뒤 청명한 하늘에서 흰 구름을 배경 삼아 나무의 가장 높은 곳에서 꽃이 피어납니다. 한 가지에 20송이 정도의 꽃이 우산 모양으로 모여 한 덩어리를 이룹니다. 술처럼 늘어진 것은 수꽃의 수술이고, 공작새의 날개처럼 한껏 아름다움을 과시하는 수꽃 사이에서 미처 터지지 않은 꽃봉오리처럼 봉곳한 망울들을 맺은 것이 암꽃입니다.

자귀나무는 밤이 오면 어김없이 양쪽으로 마주난 잎을 맞대고 잠을 잡니다. 광합성을 안 해도 되는 시간이니 위험도 줄이고 수분의 손실도 줄이고자 그리한답니다. 그래서 '합환목', '합혼수'라고 부르고 예부터 신혼부부의 창가에 이 나무를 심어 부부의 금실이 좋기를 기원하였답니다. 향기로운 꽃잎을 말려 두었다가 힘든 남편의 술잔에 띄워 마음을 위로하는 따뜻함도 추가입니다.

자귀나무 Fabaceae (콩과) *Albizia julibrissin* Durazz.

이름도 꽃도 독특해서 보고픈
개버무리와 세잎종덩굴

　식물을 공부하는 사람들에게 말로만 듣던 식물을 처음 만나는 순간처럼 반갑고 행복한 순간은 없습니다. 특히 고생하며 목표하던 식물을 만났을 때 감격도 남다르지만, 보고 싶어서 마음 한편에 간직하고 있다가 의외의 장소에서 만나는 행복은 정말 특별하지요.

　개버무리가 그랬습니다. 이름도 독특하고 꽃도 독특하고 생태도 독특한 이 덩굴나무를 만난 것은 민통선이 가까운, 그래서 좀처럼 가기 쉽지 않은 철 지난 강가였습니다. 한 무더기 서로 어우러져 피어 있던 모습이 얼마나 인상적이던지요. 말로만 듣던 개버무리를 보는 순간 '바로 이 멋진 덩굴이 개버무리구나' 하고 첫눈에 알아보았습니다. 글이나 사진으로 접하던 것보다 훨씬 아름답고 여유롭고 다정했습니다.

　개버무리와 비슷한 나무 중에 '세잎종덩굴(315쪽)'이 있습니다. 꽃 색깔이 비슷하지만 개버무리는 꽃들도 여러 개씩 달리고, 꽃받침이 많이 벌어져 구별하기 어렵지 않아요. 알고 보면 종덩굴류, 검종덩굴, 사위질빵, 으아리 등은 색과 꽃 모양이 조금씩 다르면서도 각각 개성 넘치는 연약한 덩굴들입니다. 이 모두 같은 집안 식물이라서 덩굴이고, 열매에 할미꽃처럼 깃털 같은 까락들이 발달하는 등의 공통점이 있답니다.

세잎종덩굴 Ranunculaceae (미나리아재비과) *Clematis koreana* Kom.

겨울에도 견디며 여름에 꽃피우는 금은화
인동덩굴

인동忍冬을 이름 그대로 풀면 '겨울을 견뎌 낸다'는 뜻이니 겨울 식물인 듯한데, 알고 보면 꽃을 피우는 시기는 한여름입니다. 여름이 시작될 무렵부터 꽃을 피워 향기를 온 사방에 퍼트리며, 겨울에는 잎을 떨구고 까만 구슬 같은 열매만 보이는 그런 식물이지요. 그래서 인동이라는 이름을 가진 이유를 이해하지 못했는데 따듯한 남쪽으로 가서 비로소 알게 되었습니다. 환경이 온화하니 겨울이 되면 잎사귀가 왕성하진 않아도 여전히 푸르게 살아남아 있고, 더러는 꽃을 피워 내기도 하지요. 그래서 인동덩굴은 겨울을 견뎌 내는 꽃이라고 할 수 있습니다.

인동덩굴은 '금은화'라는 별명이 있습니다. 색깔 때문에 붙여진 별명으로 인동덩굴의 꽃을 보면 흰 꽃과 노란 꽃이 한 나무에서 그것도 바로 나란히 붙어서 피는데, 노란색 꽃을 두고 '금화', 흰색 꽃을 두고 '은화'라고 하여 '금은화'로 부릅니다. 별명이 이러하니 인동덩굴이 길조를 상징하는 식물이었음은 더 말할 필요도 없습니다. 그런데 사실은 흰 꽃과 노란 꽃이 각기 따로 있는 것이 아니라 흰 꽃이 먼저 피었다가 시간이 지나고 개화가 진행되면서 점차 노란색으로 변하는 것이랍니다.

인동덩굴 Caprifoliaceae (인동과) *Lonicera japonica* Thunb.

노랗고 예쁜 꽃에 독한 가시를 품은
실거리나무

실거리나무는 눈에 번쩍 뜨일 만큼 아름답고 개성이 넘칩니다. 주로 남쪽 섬 지방에서 볼 수 있는데 숲 가장자리에서 이리저리 엉키기도 하고, 때론 기댈 곳이 없어 바닥에 누워 펼쳐지는 노란 꽃 무리의 밝음과 아름다움을 그 어떤 식물과도 비교할 수 없을 정도니까요. 자라는 곳이 제한적이고 꽃피는 때를 맞추기도 어려워 꼭 보고 싶어도 좀처럼 꽃구경이 쉽지 않은 귀한 꽃인데, 막상 시골길 옆 덤불 어딘가에 심드렁히 피어 있어 반전의 매력이 있었습니다. 좌우대칭을 이루는 노란 꽃잎에 쑥 올라온 붉은 수술이 점처럼 보이면서도 매력적이어서 쉽게 발길을 떼지 못했습니다.

또 하나의 반전은 가시입니다. '실거리나무'란 이름은 가시에서 유래되었습니다. 줄기에 가시가 있는데, 굽은 그것이 낚싯바늘처럼 아래로 굽어서 오가다 만나면 옷의 실이 걸려서 떼어 내기 힘들어 붙은 이름입니다. 그래서 질긴 인연을 이 나무의 가시에 비유하기도 합니다.

보길도에서는 총각이 이 나무 사이에 들어가면 좀처럼 나올 수 없다 하여 '총각귀신나무', 흑산도에서는 '단추걸이나무'라는 별명도 있다지요. '예쁜 꽃에 독한 가시'이지만, 그래서 살아남을 수 있는 것입니다. 세월이 쌓여 가면서 줄기가 굵어지면 가시도 둔해진다고 합니다.

실거리나무 Fabaceae (콩과) *Caesalpinia decapetala* (Roth) Alston

봉황새 찾아온 듯 매력적인 꽃나무
골담초

봄엔 노란 꽃들이 많다가 여름엔 흰 꽃들이 많아지는데, 골담초는 꽃이 여름에 피지만 노란 빛깔입니다. 게다가 이름이 '골담초'여서 풀이려니 싶지만 나무이고요. 이름을 들으면 우리나라 산에서 흔히 만나 볼 것 같지만, 아주 오래전 중국에서 건너온 나무입니다. 이름이며 모습 등 왜 이렇게 골담초가 친근할까 생각해보니 아주 오래전부터 약으로 이용하느라 주변에 많이 심어 두었기 때문인 듯 합니다. 골담초라는 이름에서 짐작하듯이 뼈와 관련된 증상에 처방하는 약재라고 합니다.

꽃도 아름답고 풍성하여 요즘엔 마당이나 공원에 심고 가꾸니 더욱 자주 만날 수 있습니다. 게다가 콩과 식물로서 뿌리혹박테리아가 있어서 토양도 비옥하게 하니 이래저래 심어 두면 좋은 꽃나무입니다. 제법 단단한 회갈색 가시가 있고, 노란빛 꽃과 갈색이 도는 주홍빛 꽃이 함께 섞여 피어 나름 곱고 매력적인 빛깔이 나는 것도 특징입니다.

옛 기록에 골담초를 '비래봉飛來鳳'이라고 불렀는데, 꽃이 핀 모습이 하늘을 날아다니는 봉황새가 찾아오는 모습을 닮았기 때문이랍니다. 꽃 한두 송이를 녹차에 띄워 마시며 봉황새를 상상하는 호사를 한번 누리면 어떨까 싶습니다.

골담초 Fabaceae (콩과) *Caragana sinica* (Buc'hoz) Rehder

이름보다 멋지고 요목조목 예쁜
쥐똥나무

사람은 그 이름에 따라 인생이 좌우된다는 이야기가 있듯이 식물들도 이름 때문에 사람들의 관심과 대접이 달라지나 봅니다. 보기 전에 이름부터 듣는 일이 많으니 그 선입견 때문에 쥐똥나무를 제대로 알려고도 하지 않으니까요. 매우 강건하고 전정도 쉬워 생울타리로 많이 쓰는데 너무 흔한 탓인지 곁에 있어도 눈여겨보지 않습니다.

하지만 알고 보면 쥐똥나무는 요목조목 예쁜 나무입니다. 톱니 하나 없이 동그랗고 길쭉한 채 여러 가지 크기로 자유롭게 달리는 잎도 그 빛깔도 그러하고, 작은 우윳빛 꽃에서 풍겨 나오는 달콤하고 청량한 꽃 내음도 그러합니다. 쥐똥나무를 오래오래 단목으로 우아하게 키우면 나무 가득 달린 꽃에 벌들이 찾아드는 멋진 모습도 볼 수 있습니다.

왜 하필이면 '쥐똥나무'라는 이름을 얻었을까요? 가을날 줄기에 달리는 둥근 열매의 색깔이나 모양이 정말 쥐똥처럼 생겼기 때문입니다. 북한에서는 이 나무를 '검정알나무'라고 부른답니다. 처음 듣는 이름이라서 어색하기는 하지만 생각해 보면 쥐똥나무보다는 낫다는 생각이 듭니다. 하기야 북한에서는 이 쥐똥 같은 열매를 덖어서 차 대용으로 삼는다니 먹을 수 있는 차에 이런 이름을 붙이는 건 아무래도 마음에 걸리지요?

쥐똥나무 Oleaceae (물푸레나무과) *Ligustrum obtusifolium* Siebold & Zucc.

8월
무엇이든 주는
나무 그늘에서 숨을 쉬다

셸 실버스타인의 동화 《아낌없이 주는 나무》가 있습니다. 잎을 흔들어 위로하고, 꽃을 피워 기쁘게 하며, 열매를 내어 준 나무 말입니다. 가지로는 집을 짓고, 줄기를 잘라 배가 되고, 돌아와 쉴 수 있는 그루터기로 남아 행복했던 나무죠. 짧은 동화지만 나무라는 존재를 이처럼 아름답고 간결하게 이야기할 수 있을까 싶어 읽고 또 읽으며 자꾸 생각하게 됩니다. 무엇보다도 나무가 소년을 사랑했던 것이 더욱 마음을 울립니다. 저는 한 자리에 뿌리박고 살아가는 나무를 보면, 비록 우리의 언어로 말할 수 없는 존재이지만 분명 나무가 우리를 사랑하고 있다고 느낍니다. 어쩌면 우리만이 아니라 우리가 살아가는 세상을 사랑한다고 말입니다.

사람들이 울울한 숲에 가는 이유는 무엇일까요? 오래 자라 굵은 나무줄기에 기대어 숨을 고르노라면 눈 끝에 들어오는 초록의 잎사귀가 여름 햇살을 받아 반짝입니다. 그 순간 회색의 도심에서 찌들었던 고단한 육체는 물론이려니와 영혼까지 깨끗해집니다. 나무는 사람들에게 있어 삶이자 꿈이며 위로이기 때문이지요.

아주 먼 근원부터 돌이켜 보면, 녹색 식물들의 광합성 덕분에 지구는 쾌적한 삶의 터전이 되었습니다. 문명의 이기가 범람하며 광섬유와 신소재, 첨단을 이야기하는 지금, 개발이라는 명분 아래 숲을 잃어 가는 21세기에도 우리는 나무로의 회귀를 꿈꿉니다. 삶을 바꿀 용기가 없는 대부분의 사람은 자연 속에서 휴식을 찾거나 주거 공간에 나무를 끌어들이면서 말입니다. 더 생각해 보면 생존의 기본인 숨쉬기조차 나무가 만들어 낸 산소에 의존하고 있으니, 만물의 영장인 사람이 얼마나 나무에게 의존적인 존재인지 절감하게 됩니다.

그래서인지 문명이 시작되기 전부터, 나무라는 존재는 곧 세상이며 신이었습니다. 그 흔적으로 사원과 신전을 뜻하는 '템플 Temple'이라는 단어 역시 나무들이 사는 숲이란 말에서 기원하였으며, 그리스 동남부에 위치했던 도시 국가 크레타의 신전 기둥은 바로 나무를 형상화한 건축 양식이기도 했지요. 나무들이 사는 곳이 바로 신성한 장소였습니다. 어디 그뿐일까요? 석가모니는 '사라수'라는 나무에서 태어났고, 보리수나무(우리나라에 자라는 보리수나무와는 다른, 무화과나무속에 속하는 열대 수종입니다) 아래서 도를 깨우쳤으며, 기독교의 선악을 알게 하는 것도 나무의 열매이지요.

인간의 삶으로 들어가 봅니다. 인간은 나무에서 먹을 것과 잠자리를 구해 떠돌며 전적으로 나무에 의존해 수렵 생활을 하였고, 정착하면서 농경 문화를 발달시킵니다. 이러한 농경 문화는 바로 철기가 보급되면서 급격히 발전하는데, 철을 제련하는 것 역시 나무였습니다. 37킬로그램의 철을 제련하는 데 6톤의 숯이 필요하고 이는 소나무 320그루에 해당한다는 기록이 있습니다. 또한 문명이 세계적으로 퍼져 나간 계기는 종이의 발견으로 보는데 이 또한 나무로 만든 것이지요.

나무는 세상의 일부이지만, 또 하나의 작은 세계가 됩니다.
후투티도 자리를 잡고 쉬어 갑니다.

우리나라로 좁혀 봅니다. 단군 신화를 보면 환인의 아들 환웅이 하늘에서 내려와 세상을 연 곳이 바로 태백산 신단수 아래라고 하니, 신화적으로 말하면 우리 민족도 나무 밑에서 시작합니다. 또 우리 생활과 가장 관련이 깊은 나무를 고르라면 소나무를 먼저 꼽는데, 흔히 말하기를 '사람은 태어나서 죽을 때까지 소나무의 신세를 진다'고 합니다. 사람이 태어나면 금줄을 치고 솔가지를 매달아 나쁜 기운을 막으며, 소나무로 지은 집에서 삽니다. 그리고 솔가지로 불을 지피고, 나무껍질부터 꽃가루까지 헤아릴 수 없이 많은 먹거리를 얻으며, 죽은 뒤엔 소나무 관에 들어가 소나무가 있는 산에 묻혔으니 나무는 삶 그 자체였습니다.

나무가 주는 것을 좀 더 긴밀하게 살펴볼까 합니다. 숨쉬기부터 말입니다. 나무를 포함한 녹색 식물들은 무형의 햇살과 버리고 싶은 이산화탄소, 그리고 약간의 물을 가지고 양분을 만들면서 생기는 산소를 내어놓습니다. 물론 이 땅에 존재하는 산소가 모두 숲에서 만들어진 것은 아니지만 적어도 숲은 지구를 아름다운 초록별, 저를 포함하여 생명이 살아갈 수 있는 공간으로 만들고 서로를 이어 줍니다. 생각해 보면 그 어떤 구구한 설명도 숲에게는 필요 없을지 모르겠습니다. 사람이 숨을 쉬고 살아가는 한 말입니다.

그런데 이 과정은 산소를 만드는 일 외에 대기 중의 이산화탄소를 줄여 준다는 큰 의미를 갖습니다. 지구 온난화로 온 지구에 기상 이변이 속출하는 데는 지나친 화석 원료의 사용으로 이산화탄소 배출량이 늘어난 것과 거기에 이를 흡수하고 산소를 배출하여 균형을 잡아 주던 큰 숲이 파괴된 것이 아주 큰 원인이지요. 보통 1만 제곱미터만 한 그리 넓지 않은 숲에서 흡수되는 이산화탄소는 연간 16톤이며, 그 숲이 내놓는 산소는 12톤에 달합니다. 한 나무가 달고 있는 잎을 나란히 펼쳐 넓이가 100제곱미터만 하다고 가정하면, 그 나무 한 그루가 여름날 하루 동안 우리에게 주는 산소의 양은 어른 40명이 숨 쉴 수 있는 정도라고 합니다. 다른 어떤 역할을 차치하고, 이 기능 하나만으로도 나무는 존재의 의미가 충분합니다.

그런데 숲이 정말 놀라운 것은 바로 무기물을 유기물로 변화시키는 과정에서 산소가 생긴다는 사실입니다. 흔히 '공기만 마시고 살 수는 없다'라고 말합니다. 이 이야기는 사람이 나무나 풀처럼 햇볕을 가득 받고, 물을 많이 먹는 것만으로 살 수는 없다는 뜻이지요. 우리는 일을 해 놓은 생산자인 식물, 혹은 2차적으로 식물을 먹은 동물들을 통해서 양분을 얻어 갈 뿐 지구의 생명체들 입장에서는 하등의 무익한 소비자일 뿐입니다. 우리는 문명을 만들고 무엇인가 거창한 일을 쌓아간다고 생각하지만, 사실 한 껍질만 벗겨 놓고 나면 숲을 멀리하고서는 생존조차 불가능한, 참으로 보잘 것 없는 존재이지요.

이 녹색의 생산자는 참으로 다양한 형태로 자신이 만든 것을 내어 줍니다. 과일을 비롯한 대부분의 먹거리, 나무를 잘라 만든 목재를 이용한 주위의 온갖 가구, 책장에 가득한 책들을 이루는 종이, 우리가 거주하는 집 마룻바닥까지 나무에게서 비롯된 것들은 수없이 많습니다. 대단한 문명의 이기를 만들었다고 하면서도 다시금 나무로 지은 집을 선호하며 자연으로 돌아가는 것이 바로 우리지요.

이렇게 나무줄기를 이용하는 목재의 쓰임 말고도, 아주 부수적이라 여겨지는 나무의 일부분도 꽤 대단합니다. 식물들이 꽃을 피우며 꽃가루받이를 도울 곤충들을 유혹하려고 잠시 만드는 꿀은 잘 자란 '아까시나무' 1그루가 1년 동안 30만 원어치를 만들어 낼 수도 있다고 합니다. 또 정원에 심는 나무로도, 그 붉은 줄기로 만든 가구의 가치로도 이미 대단한 '주목'에는 껍질이나 씨눈에 무서운 암을 치료하는 항암제가 들어 있습니다. 오래 산 '은행나무' 잎에는 사람의 혈액순환을 돕는 성분이 들어 있고요. 음악가나 미술가, 또는 문학인은 숲에서 나무를 보고 영감을 얻어 갑니다. 그리고 나무는 무엇보다도 우리 숲에서 튼실한 뿌리로 흙을 붙잡고, 수분을 머금어 조절해 주며 우리가 사는 국토를 보전하지요. 우리는 그 기반 위에서 살고 있고요. 최근에는 숲이 전해 주는 정신적인 위로에서 나아가 피톤치드, 음이온 같은 건강을 증진시키는 구체적인 물질들이 알려지고, 치유의 효과까지 증명되고 있습니다.

고향 마을 입구에 서 있는 커다란 느티나무 그늘에서 편히 쉬어 보려다가, 울창한 나무숲의 깊이만큼 맑은 계곡의 물소리를 들으며 맑은 숨을 쉬어 보려다가 이야기가 너무 거창해졌습니다. 나무란 이처럼 끝을 알 수 없는 존재, 우리를 사랑하는 존재입니다.

유용할수록 잘 지켜 주세요
두릅나무

두릅나무라고 하면 누구나 압니다. 아니 두릅나무를 알기보다
는 두릅을 알고 있겠지요. 봄이 오면 두릅 순을 살짝 데쳐 초고추
장에 찍어 맛보면 쌉싸래하고도 달콤하며 신선하고 단번에 입맛
을 돌게 하는 그 특별한 맛을 느낄 수 있지요.

하지만 나무로서 두릅나무를 아는 사람은 드뭅니다. 순을 따
버리는 사람들의 손길에서 가까스로 살아남아 잎을 펼치면 가지
끝에서 유백색의 꽃차례가 달리고, 아주 작은 꽃들이지만 처음에
는 공처럼 둥글었다가 다시 포도송이 모양으로 달려 피기 시작합
니다. 얼마나 환하고 아름다운 꽃들이 풍성하게 피는지 놀라울 정
도입니다.

두릅나무는 약으로도 쓰이는데 주로 뿌리나 껍질을 쓰고, 꽃
이 피면 벌들이 많이 찾는 밀원 식물이기도 합니다. 새순이 유명
한 식용 자원이니 이젠 재배하는 곳도 여럿입니다. 약간 그늘에서
재배하면 순이 커져도 억세지 않아서 두고두고 따서 먹을 수 있답
니다. 두릅나무 순이 필요하다면 집 울타리 근처에 두릅나무를 몇
그루 심어 두세요. 자연 속의 두릅나무는 숲이 우거지거나 개발되
어 가뜩이나 살아가기가 어렵답니다. 산자락의 두릅나무 순을 따
지 않고 놓아둔다면 그 숲길을 걷는 이들에게 수많은 꽃 무리를
선물하는 덕을 베푸는 것이랍니다.

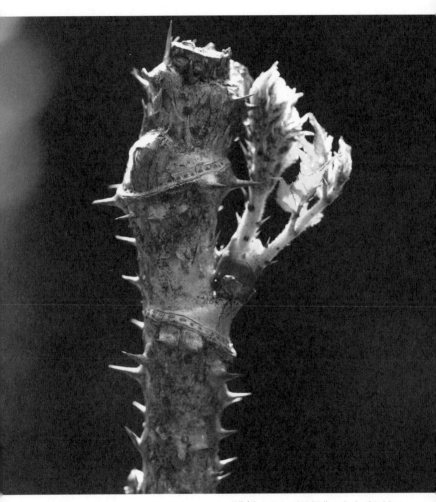

두릅나무 Araliaceae (두릅나무과) *Aralia elata* (Miq.) Seem.

살아서 천 년 죽어서 천 년
주목

주목을 두고 흔히 '살아서 천 년 죽어서 천 년'이란 말을 합니다. 워낙 더디 자라고 오래 살기 때문에 살아서 천 년을 살 수 있는 나무이고, 이 붉고 아름다운 목재로 만든 것은 아주 오래도록 변치 않아 죽고도 천 년을 간직하는 나무가 되었습니다. 조급한 세상에서 주목이 헤아리는 세월의 여백이 부럽기도 합니다. 지금도 소백산이나 태백산을 오르면 천 년을 살았음직한 검푸른 주목 숲의 장엄함을 만날 수 있지요.

주목은 목재의 가치가 최고이며 정원수로도 이용해 왔는데, 요즈음에는 항암 성분으로도 주목받습니다. 서양에서 먼저 태평양산 주목의 줄기에서 택솔Taxol이라는 독성분을 추출해 여러 암의 치료제로써 임상 실험까지 마쳤습니다. 그러나 유난히 더디 자라는 주목 1만 2천 그루를 베어야만 겨우 2킬로그램을 얻을 수 있어서 환경보호론자들의 완강한 반대에 부딪혀 어려움을 겪었습니다. 그러던 중 우리나라에서 주목의 씨눈에 있는 성분을 유전 공학적으로 대량 생산하는 기술을 발표했지요.

나무는 무엇이든 될 수 있는 존재이며 한 면의 모습을 보고 그 나무 혹은 사람의 모습을 규정하는 것은 적절하지 않다고 말해 줍니다. 요즈음처럼 무조건 편을 갈라 옳고 그름을 가름하는 시대에는 주목의 세월을 보면 좋겠습니다.

주목 Taxaceae (주목과) *Taxus cuspidata* Siebold & Zucc.

바다를 바라보며 고운 꽃이 피는
해당화

"해당화가 곱게 핀 바닷가에서…" 어릴 적 누구나 한번쯤 두 손을 모으고 불렀던 친근한 노래입니다. 그래서 해당화는 여름 바닷가 하면 떠오르는 꽃이지요. 하지만 아쉽게도 실제 해당화가 곱게 핀 바닷가를 만나기란 쉽지 않습니다.

본래 해당화는 그 유명한 명사십리 해안가부터 서해안 백령도 바닷가까지 자랍니다. 사람들이 약이 된다 하여 캐내지 않았다면, 개발이라는 이름 하에 해안에 석축을 쌓고 포장하여 변형시키지 않았다면, 여름이면 해안에서 지천으로 볼 수 있었을 것입니다. 이제는 무리 지어 자라는 곱디고운 모습을 만나려면 손이 타지 않은 깊은 해안가를 가야만 하는 참으로 안타까운 우리 꽃입니다. 더러 바닷가 공원에 부러 심은 해당화들은 있습니다만 그 모습이 수평선을 멀리 바라보며 즐기는 해당화 핀 길의 정취와는 다소 거리가 있습니다.

모래땅에 뿌리를 박고 아스라이 먼 바다를 바라보며 피어나는 탐스러운 진분홍빛 꽃송이들은 강렬하지만, 우리의 바닷가 정취와도 잘 어울립니다. 더욱이 꽃이 진다고 해당화의 계절이 모두 지나간 것은 아닙니다. 푸른 잎들이 여전히 싱그럽게 이어지고, 탐스럽게 달린 주홍빛 열매들이 새로운 아름다움을 발하며 오래오래 달려 있으니까요.

해당화 Rosaceae (장미과) *Rosa rugosa* Thunb.

피고 지고 또 피어나는
무궁화

나라꽃 무궁화 이야기는 8월이 적합할 듯합니다. 무궁화 꽃이 가장 좋은 때이며, 무엇보다도 나라를 되찾은 광복절이 있으니까요. 우리 모두가 나라꽃 무궁화를 아끼고 사랑해야 한다고 생각하지만 가장 좋아하는 꽃으로 꼽는 사람은 생각보다 많지 않습니다. 이유를 생각해 보면, 일제 강점기 때 독립운동의 상징 같은 무궁화를 지저분한 것을 가리는 울타리 정도로 키우며 벌레가 많은 나무로 치부하고자 했던 일제의 의도가 각인된 것이 가장 큰 요인이 아닌가 싶습니다.

무궁화를 기품 있는 정원에서 크고 우아한 모습으로 조화롭게 잘 키워 제대로 만나기만 한다면 한여름 강렬한 태양 아래서 피고 지고 또 피어나는 그 강인한 모습이 얼마나 아름답고 멋진지 알게 될 것입니다.

무궁화 꽃은 여름이다 싶으면 하나둘 피기 시작해 한창 피어나다가 가을까지 이어집니다. 그렇다면 무궁화 꽃 한 송이는 얼마나 오래 피어 있을까요? 알고 보면 꽃 한 송이의 수명은 하루입니다. 아침에 꽃을 피워 저녁이면 꽃잎을 말아 닫고는 져 버립니다. 다음 날 아침이면 다른 꽃송이가 피고 지기를 수없이 반복합니다. "피고 지고 또 피어 무궁화라네"라는 노랫말처럼요. 우리나라가 그리 강건하게 오래 번영하기 기원해 봅니다.

무궁화 Malvaceae (아욱과) *Hibiscus syriacus* L.

다채로워 더욱 신비로운 꽃 빛의
산수국

하나하나 들여다보면 곱지 않고 의미 없는 식물이 없지만, 한여름 산수국은 특별한 설렘을 줍니다. 신비로운 남빛 혹은 보랏빛 꽃이 하늘을 반쯤 가린 숲에서 무리 지어 피어나는 모습은 제가 기억하는 멋진 자연 풍광 중 하나이지요.

'산수국山水菊'은 한자 그대로 산에서 피며 물을 좋아하는 국화처럼 풍성하고 아름다운 꽃이어서 붙은 이름입니다. 꽃 빛이 아주 특징적인데 그 색깔의 변화가 놀랄 만큼 변화무쌍하고 아름답습니다. 예를 들면 흰색으로 피기 시작한 꽃들은 점차 시원한 청색이 되고, 다시 붉은 기운을 담기 시작하며, 나중에는 자색으로 변하기도 합니다. 또 토양의 조건에 따라서 달라지는데 토양에 알칼리 성분이 강하면 분홍빛이 진해지고, 산성이 강하면 남빛이 더욱 더 강해집니다. 그래서인지 이 꽃의 꽃말도 '변하기 쉬운 마음'입니다.

백당나무처럼 가장자리에는 꽃잎을 가진 무성화가 안쪽에는 유성화가 피는데, 꽃송이를 모두 무성화로 바꾸고 색깔의 변이를 이용해 만든 다양한 품종의 수국이 사람들의 많은 사랑을 받고 있습니다. 하지만 진짜 마음에 닿는 것은 기능을 잃은 꽃잎으로 가득찬 수국보다 서늘한 꽃 빛을 지닌 산수국입니다.

산수국 Saxifragaceae (범의귀과) *Hydrangea serrata* f. *acuminata* (Siebold & Zucc.) E.H.Wilson

배경처럼 피고 지는 우리네 친구 나무
싸리

우리 산야에 가장 잘 어우러지는 나무를 고르라면 있어도 없는
듯, 없어도 있는 듯 마치 배경처럼 피고 지는 싸리로 꼽을 것입니
다. 낭창낭창 늘어진 가지에 작고도 붉은 꽃들이 물들 듯 피어나는
싸리 꽃은 애잔하고도 곱습니다. 가을이 깊어가면 꽃이 지고 동글
동글한 잎새들은 노랗게 물들어 숲속에 점처럼 박히곤 합니다.

싸리가 우리와 얼마나 가까운 나무인지는 싸리골, 싸리재, 싸릿
말 등 '싸리'라는 말이 붙은 지명이 전국에 지천인 것만 보아도 알
수 있습니다. 그 고개와 마을과 계곡들에 모두 싸리가 많아서 붙
여진 이름이 아닐까요? 싸리 가지로 엮어 만든 싸리문 밖 풍광엔
그렇게 그렇게 싸리 꽃이 핍니다.

옛사람들의 생활로 들어가면, 싸리를 베어 만든 싸리문부터 무
엇이든지 담아서 말려 두는 소쿠리와 채반, 싸리로 통을 엮고 종
이나 헝겊을 붙여 만든 물건을 담는 반짇고리도 있지요. 그 밖에
도 삼태기, 용수, 키, 발, 무엇보다도 군대 생활하면 가장 먼저 떠
오르는 싸리 빗자루와 싸리 줄기를 잘라 만든 가는 회초리도 있답
니다. 한방에서는 약재로 쓰이고, 꿀 따는 밀원 식물인 데다가 새
순이나 어린잎, 또는 꽃을 무쳐 먹기도 했습니다. 나무 속에 삶이,
삶 속에 나무가 있습니다.

싸리 Fabaceae (콩과) *Lespedeza bicolor* Turcz.

9월
가을 햇살에 풍성해지는
결실의 계절

한낮이면 아직도 무더위에 땀이 흐르지만, 아침저녁 슬쩍슬쩍 드는 바람에 어느새 선뜻함이 느껴져 좀 이르다 싶어도 '가을'이라 말하고 싶습니다. 파란 하늘에 청명함이 가득하니 가을은 이미 이만치 다가서고 있는 것입니다. 하긴 벼 익는 소리에 개가 짖는다는 입추도, 모기의 입이 삐뚤어진다는 처서도 지났으니 말입니다.

들엔 가을강아지풀이 이삭을 휘어 바람에 설렁입니다. 지난여름부터 익어 가던 뜰보리수 열매들도 유난히 붉게 익어 가을바람 따라 흔들거리네요. 아직은 푸른 단풍나무 열매는 점차 날아가기 위해 잠자리 날개처럼 그 날개를 가볍게 할 것입니다. 성장의 계절에서 결실의 계절로 바뀌고 있습니다.

가을이 오고 있음은 식물에게 여러 가지를 의미합니다. 이어서 다가올 모진 추위를 준비하는 긴장의 시간인 동시에 한 해의 성장을 마감하고 충실한 씨앗을 맺어 멀리멀리 안전하게 보내는 가장 의미 있는 순간입니다. 생각해 보면 이 순간을 위해 지난봄, 싹을 틔워 올려 보내는 것을 시작으로 키를 키우고 잎을 펼쳐 양분을 만들며, 꽃을 피워 곤충을 부르는 그 숱한 노고들이 존재한 것 아닐까요?

이런 모든 노력 덕분에 사람의 가을도 풍성합니다. 가을 햇살을 받아 무르익은 이 행복한 수확은 모두 자연에서 가져온 산물이지요. 지금도 동남아시아의 들판엔 야생의 벼가 자라며, 안데스산맥에선 야생의 감자가 크고 있습니다.

우리가 좋아하는 과일들도 가을에 얻는, 나무가 만드는 달콤한 수확 중 하나입니다. 다시 말하면 전 세계에서 자라는 야생의 나무들을 사람의 목적에 따라 더욱 달게, 더욱 크게, 혹은 특별히 비타민이 많거나 추위에 강하게, 아니면 빛깔을 곱게, 병충해에 강하게 개량한 것이 여러 과일나무의 품종입니다. 예를 들어 가장 먼저 익는 벚나무 열매 '버찌'는 말하자면 국내파 체리입니다. 키위와 사촌인 달콤한 '다래', 배보다 더욱 향긋한 '산돌배', 그리고 포도의 조상인 '머루'가 있습니다. 참고로 과학 기술이 아무리 발달해도 자생하는 나무들의 풍부한 유전자 풀Pool이 잘 보전되어 있어야 비로소 개량하고 이용할 수 있습니다.

식물들은 왜 이렇게 달고 맛있는 과일을 만들어 낼까요? 간단합니다. 씨앗을 통해 자신의 종족을 더 멀리, 더 많이 퍼뜨리기 위해서입니다. 식물들은 달고 맛있는 과육을 사람이나 동물에게 제공하고, 이들은 멀리 돌아다니며 씨앗을 뱉거나 배설하여 다시 바깥으로 내보냅니다. 어떤 책에선 '사람들이 과일나무를 개량해 가며 접붙이기 등 인공적으로 증식하는 것도 식물들의 전략 안에서 움직이는 것'이라는 다소 파격적인 주장도 하더군요. 열매마다 과육으로 먹는 부분이 식물의 기관으로 치면 각각 다른 것도 재미있습니다. 대부분의 열매는 암술 아래 있는 씨방이 자라 만들어지는데 앵두나 자두, 복숭아 같은 열매는 중간 껍질이 변해서 된 것이지요. 또 사과나 배는 꽃받침이 달려 있는 부분이 비대해진 것이고요. 우리가 사과의 살을 먹고 버리는 부분이 바로 다른 식물들에서는 열매가 되는 씨방이랍니다.

물론 과육 없이도 맛있는 열매들은 얼마든지 있습니다. 잣은 소나무의 솔방울처럼 잣송이가 날리는데 그 속에 하나씩 박혀 있는 씨앗, 그중에서 내년에 싹을 틔울 때 양분이 될 배라는 부분을 먹는 것이지요. 그러고 보면 소나무와 잣나무는 같은 집안의 아주 비슷한 나무이면서도 씨앗을 퍼트리는 전략은 참 다릅니다. 잣나무는 잣을 좋아하는 청솔모나 다람쥐가 먹다가 흘려 주길 바라지만, 소나무는 먹히기보다는 작은 씨앗에 날개를 달아 바람의 힘을 빌리니까요.

열매의 모습을 잘 보면 그 나무들이 속한 집안을 알 수 있어요. 꽃에서 꽃의 구조가 같으면 한집안이라는 이치와 같습니다. 예를 들면 흰 꽃이 피는 큰키나무인 '아까시나무', 보라색 꽃이 피며 덩굴성인 '등나무', 역시 덩굴성이지만 자주색 꽃이 고운 '칡', 자주색 꽃이 피는 작은키나무 '싸리', 이 나무 열매들의 공통점이 무엇인지 아세요? 바로 열매 모양이 콩의 꼬투리처럼 생겼다는 것입니다. 그래서 콩과科에 속하며 식물도감에서는 같은 곳에 나와 있지요.

그렇다면 앞에서 말한 자두, 살구, 앵두, 버찌, 복숭아 등은 크기와 색깔, 맛은 조금씩 다르지만 열매 구조를 보면 속껍질에 둘러싸인 씨앗, 과육이 된 중간 껍질, 형형색색의 겉껍질이 같으므로 모두 장미과 벚나무 집안에 속하는 나무들입니다.

열매의 색깔 이야기가 나왔으니 말인데요, '작살나무'는 보랏빛이 곱습니다. 또 '누리장나무'는 자줏빛에 까만 열매가 매력적이며 날개를 가진 것, 가시를 가진 것 등 제각각입니다. 숲속에선 '백당나무'의 붉은 열매가 풍성하고, '화살나무'의 열매들은 마치 잎이 붉은지 열매가 붉은지 내기를 하는 듯합니다. 남쪽에 사는 '백량금'이나 '자금우' 같은 나무들은 붉은 열매가 워낙 아름다워 꽃은 몰라도 열매를 보기 위해 부러 심어 가까이 두곤 하잖아요. 투우를 할 때 붉은색 천을 휘날리는데 사실 소는 붉은색을 인식하지 못하며 사람을 흥분시키기 위한 것이라는 이야기에 약간 속은 느낌이지만, 열매를 먹는 새들은 주로 붉은색을 잘 인식한다고 합니다. 특히 늘푸른나무는 초록색 잎과 빨간색 열매의 보색 대비로 더욱 선명하지요. 늘푸른나무 중에 붉은 열매가 유난히 많은 것도 이유가 있나 봅니다.

나무마다 전략은 조금씩 다른데 한 번에 먹히는 것을 꺼려해 붉어지는 시간을 조절하기도 하고, 맛을 없게 하거나 독성을 약간 넣어 새들이 한 번에 먹지 않고 먹다 말다를 반복하게 해 지속적으로 여러 곳으로 전파시키는 나무도 있습니다. 좀 더 적극적인 나무들은 붉고 달콤한 열매로 먹힌 다음 씨앗만은 소화되지 않은 채 새들이 이동할 때 배설되는데, 새의 몸속을 통과하는 과정에서 씨앗에 묻어 있던 발아 억제 물질을 제거하거나 모래주머니에 씨앗 껍질이 깎이게 해 싹이 트기 쉽게 만들죠. 물론 씨앗에 섞어서 배출된 배설물은 그 씨앗이 자라는 데 필요한 양분 역할도 합니다.

1년 중에 열매가 가장 먼저 익어서 먹을 수 있는 건 산딸기 집안인 듯합니다. 지난여름에 이미 '줄딸기'를 시작으로 '산딸기', '곰딸기', '복분자딸기'로 이어졌고요. 우리가 흔히 명감나무 혹은 망개나무(진짜 '망개나무'라는 나무는 따로 있습니다)라고 부르는 '청미래

줄딸기(꽃)	산딸기(열매)
복분자딸기(열매)	장딸기(꽃)

346

덩굴'도 그럭저럭 들쩍지근한 맛을 내는데, 뒷산을 누비는 그 붉은 열매는 반짝이는 겉모습과 달리 씹으면 푸석한데도 자꾸만 손이 갑니다. 우연히 주운 생밤을 깨어 물면 들큼하게 스며 오는 맛도 일품이고요. 청솔모가 떨어뜨린 잣송이 하나면 산행 내내 심심할 때마다 깨어 물어도 여전히 주머니 속에 가득합니다.

이 가을엔 숲속에서 들판에서 제각기 익어 가는 열매 구경을 권하고 싶습니다. 눈여겨보노라면 이들이 지니는 갖가지 멋진 모습에 감탄할 것이며, 그 각각이 가진 전략이 무엇일까 생각하는 시간은 충분히 재미나고 행복한 일임을 알기 때문입니다. 만일 다섯 가지 맛을 낸다는 붉은 '오미자'나 '으름'을 구경할 수 있다면 정말 행운입니다. 그렇게 보내는 가을의 시간은 몸과 마음을 가을 하늘 빛만큼이나 신선하게 바꾸어 줄 것입니다. 그윽한 산국의 향기와 함께 구수한 낙엽의 낭만까지 자연은 덤으로 선물을 줍니다.

주홍빛 감빛 가을을 물들이는
감나무와 고욤나무

　가을이 익어 갑니다. 마을마다 감나무에 붉은 감이 주렁주렁 열리면 가을이 온 것입니다. 감의 그 따뜻한 주홍빛만 보아도 마음이 푸근해지네요. 마을에는 감나무(349쪽 위)가 있지만 산에는 고욤나무가 큽니다. 고욤나무는 말하자면 애기감나무이며 야생의 감나무이지요. 고욤나무의 열매 고욤도 이 늦은 가을 감빛으로 익어 갑니다.

　그런데 감나무나 고욤나무 꽃구경을 해 보셨어요? 이 나무들은 꽃 한 송이에 암술과 수술이 함께 있기도 하고, 암꽃과 수꽃이 따로 있기도 한데, 나중에 감꼭지가 되는 꽃받침에 잘 싸여 있습니다. 그 모습이 비슷한 꽃을 찾기 어려울 만큼 개성이 넘칩니다.

　고욤나무 꽃(349쪽 아래)이 좀 더 작고 좁으며 통이 길고, 연노란빛 감꽃에 비해 고욤나무 꽃은 분홍빛도 돌아 곱디곱지요. 가을이 시작되면 두텁고 반질하여 상록일 것 같은 감잎에 슬며시 단풍이 들기 시작하고, 이내 낙엽이 지고 잘 익은 감이 남으면 가을이 깊은 것입니다. 고욤나무 열매, 고욤은 감나무 열매인 감과 모양은 같지만 크기가 지름 1.5센티미터 정도로 작고, 노랗게 익기 시작해 점점 진해져서 흑갈색이 됩니다.

감나무 Ebenaceae (감나무과) *Diospyros kaki* Thunb.
고욤나무 Ebenaceae (감나무과) *Diospyros lotus* L.

농익은 열매와의 새콤달콤한 만남
다래

가을 산은 먹거리가 많아 좋습니다. 사람의 발길이 닿지 않는 깊은 산, 치렁치렁 늘어지는 덩굴에 시큼한 머루를 만나도 좋고 들큼한 으름을 만나도 반갑지만, 뭐니 뭐니 해도 농익은 갈색 다래와의 만남이 가장 반갑지요. 씹히는 듯하다가 어느새 새콤달콤하게 입에서 녹아내리는 다래는 정말 맛있답니다.

그런데 산에는 다래 말고 다래와 비슷한 형제들이 있습니다. 바로 '개다래'와 '쥐다래(351쪽 왼쪽 아래)'로 이들은 열매의 꼬리가 뾰족합니다. 좀 더 쉽게 구분하는 방법은 잎인데 개다래는 잎에 흰 페인트칠을 하다만 듯한 무늬가 있고, 쥐다래(351쪽 오른쪽 아래)에는 잎에 연분홍색과 흰색이 돌아 멀리서도 구분이 됩니다. 이 색이 다른 잎새는 숲속에 꽃이 피어 있음을 알려 주기 위한 변신이라 열매가 익을 즈음이면 색도 바래고 이내 낙엽이 집니다.

시장에는 다래의 종류가 또 하나 나와 있지요. 바로 '키위'라고 부르는 과일입니다. 키위는 중국이 고향이며 서양에서 과일로 개발해 들여와 '양다래'라고도 부릅니다. 다래는 열매를 먹지만 새로 난 잎은 좋은 나물이 되고, 이른 봄에 물이 오른 수액을 받아 마시기도 합니다. 약으로 쓰는 데는 다래보다 쥐다래가 더욱 유명하지요.

다래 Actinidiaceae (다래나무과) *Actinidia arguta* (Siebold & Zucc.) Planch. ex Miq.

사계절 변화무쌍한
사철나무

사철나무는 사철 푸른 나무입니다. 늘푸른나무는 많지만 대부분 소나무와 같은 바늘잎나무인데 이 나무는 넓은잎을 가져서 특별합니다. 더러 있는 늘 푸른 넓은잎나무들은 대부분 따뜻한 남쪽에서만 자라지만 이 나무는 중부 지방에서 겨울을 나니 특별히 '사철나무'란 이름을 붙여 주었나 봅니다.

하지만 제가 보기에 사철나무는 봄에 나오는 연두색 새잎이 좋고, 여름에는 한창 피어나는 녹색 기운이 도는 유백색 꽃송이가 좋고, 무엇보다도 가을에 붉은 열매가 벌어지고 그 속에서 주홍빛 씨껍질을 싸고 드러나는 씨앗이 귀여운, 사시사철 볼거리가 다양한 나무여서 '사철나무'라고 말하고 싶습니다. 이 나무의 꽃말이 '변함없음'인데, 이는 이름만 듣고 붙인 듯합니다. 사시사철 변화무쌍한 사철나무의 진짜 모습을 모르고서 말입니다.

진짜 사철나무가 자생지에서 빛나도록 아름답게 자라는 모습을 보고자 한다면 남쪽 섬으로 가 보시기 바랍니다. 해안가 절벽의 해풍이 아무리 모질게 불어도 풍성하게 가지 내고 잎을 피우며 잘도 자랍니다. 물론 중부 지방에 사는 사람들에게도 사철나무는 소중한 존재입니다. 꽃과 벌이 찾아들고, 가을이면 둥글기도 모나기도 한 불그스름한 열매가 제대로 익으면서 껍질이 4갈래로 갈라집니다. 껍질 사이로 맑고 밝은 주황색의 옷을 입은 씨앗이 드러나고, 겨우내 푸른 잎을 볼 수 있으니 과연 귀한 나무입니다.

사철나무 Celastraceae (노박덩굴과) *Euonymus japonicus* Thunb.

싱그러운 밤톨과 풍성한 밤꽃의
밤나무

가을 산행은 밤나무와의 조우가 그 재미에 한몫을 더합니다. 더러 방치된 밤나무 밑에 후드득 떨어진 밤톨 몇 알을 주워서 깨어 물면 물 많고 들큼한 그 싱그러운 맛이 일품입니다. 그래서 유난히 껍질이 많은 그 밤을 먹으려고 가시 있는 겉껍질에 손이 찔리고, 질긴 중간껍질을 벗기느라 힘주고, 떫은 속껍질까지 제거하는 수고도 마다 않지요.

밤은 한자로 '율栗'이라고 합니다. 이는 나무 위에 꽃과 열매가 아래로 드리워진 모양을 본떠서 만든 상형문자입니다. 열매에만 집중하게 되지만 초여름에 야릇한 냄새를 풍기며 피어나는 밤꽃들도 풍성하고 각별하긴 합니다. 밤꿀을 딸만큼 풍성한 상아빛 꽃들은 수꽃이고요. 찾아보면 새끼손톱보다 작은 암꽃이 드물게 달립니다. 밤은 여기에서 익어 갑니다.

밤나무 열매인 밤에는 재미있는 자연 현상이 들어 있습니다. 대부분의 식물들은 씨앗에서 싹을 틔워 내면서 씨앗의 껍질을 밀고 올라오게 마련입니다. 하지만 밤나무는 뿌리가 내려가고 줄기가 올라가는 그 경계 부근에 씨앗의 껍질이 오래도록 달려 있지요. 과장된 이야기이겠지만 10년 또는 100년 이상 그 껍질이 달려 있다 합니다. 그래서 밤나무는 자기가 나온 근본을 잊지 않는, 즉 선조를 잊지 않는 나무로 여겨졌답니다.

밤나무 Fagaceae (참나무과) *Castanea crenata* Siebold & Zucc.

온몸으로 향을 말하는 닮은꼴 형제

산초나무와 초피나무

사람들은 식물을 가장 먼저 눈으로 보지만, 기억에 남는 점은 제각기 다를 수 있습니다. 냄새로 확실하게 기억하는 식물이 있다면 산초나무와 초피나무를 꼽을 수 있습니다. 꽃에서 나는 향기가 아니라 식물 전체에서 나는 특별한 향으로 말입니다. 집 주변에 이 나무들을 심어 두면 이 향으로 벌레들이 꼬이는 것을 막을 수 있다고 합니다.

식물분류학이란 과목을 공부하고서 맨 처음 산행을 떠났을 때, 학교 강의실에서 배운 내용을 산에서 직접 보고 확인하는 데 가장 재미를 주는 나무가 산초나무와 초피나무였습니다. '산초'와 '초피'라는 이름처럼 두 나무는 비슷한데 '산초나무(357쪽 왼쪽)'는 가시가 서로 어긋나게 달리고, '초피나무(357쪽 오른쪽)'는 가시가 2개씩 마주 달립니다. 이 차이가 한 형제간인 두 나무를 구별하는 가장 손쉬운 방법이라던 교수님 말씀을 자연에서 확인하는 순간, 얼마나 신이 났었는지요.

알고 보면 중부 지방에서 흔한 산초나무와 달리 초피나무는 남쪽에 더 많습니다. 추어탕에 넣는 제피가루는 초피나무 열매로 만들고, 요즈음 씨앗에서 기름을 짜서 약으로 먹는 나무는 산초나무라는 것도 구분의 기준이 됩니다.

산초나무 Rutaceae (운향과) *Zanthoxylum schinifolium* Siebold & Zucc.
초피나무 Rutaceae (운향과) *Zanthoxylum piperitum* (L.) DC.

신비한 보랏빛의 구슬 열매 매단
좀작살나무

이름만 들어도 그 생김새를 짐작할 수 있는 나무들이 있습니다. 작살나무도 그중 하나인데 작살나무의 가지는 어느 것이나 원줄기를 가운데 두고 양쪽으로 2개씩 정확히 마주보고 갈라진 영락없는 작살 모양이지요. 작살 중에도 셋으로 갈라진 삼지창 말입니다. 셋으로 갈라진 가지는 다시 작살 모양을 하며 셋으로 갈라지기를 예외 없이 반복합니다.

하지만 이 나무의 진정한 개성은 열매에 있습니다. 작살나무 집안은 학명이 캘리카파Callicarpa인데 '열매가 아름답다'는 뜻이며, 영어 이름은 뷰티베리Beauty Berry인데 둥근 열매를 두고 자주 쓰는 '베리'라는 이름에 '아름다운 미인'이라는 뜻이 보태어졌으니 열매에게 보내는 최고의 찬사이지요. 중국에서는 작살나무를 '자주紫珠'라고 부르는데, 이는 열매를 두고 '자줏빛 구슬'이라고 하는 것입니다. 작살나무는 정말 신비한 보랏빛 구슬 같은 열매들이 송이송이 달려 있어 독특한 아름다움을 자아냅니다.

'좀작살나무' 열매는 작살나무 열매보다 좀 더 크고 조밀하여 화려하니 정원수로서는 더욱 유용합니다. 흰색 열매를 가진 '흰작살나무'와 함께 심으면 더욱 멋집니다.

좀작살나무 Verbenaceae (마편초과) *Callicarpa dichotoma* (Lour.) Raeusch. ex K.Koch

10월
파란 하늘 아래 단풍 들어
눈부신 가을 숲길로

    가을이 오고 말았습니다. 가을은 그저 아침저녁으로 불어오는 선뜻한 바람결에 묻어납니다. 아지랑이 피어오르는 봄볕 풍광의 눈부신 아름다움과는 사뭇 다른, 깊어져 향기롭고 그윽하며 때론 충만하고 처연한 슬픈 아름다움이 가을 숲 식물들의 세상에 가득 퍼져 갑니다. 가을이 온 것을 저는 향기로 알았습니다. 광릉숲의 수목원 정원을 걷노라니 나무의 가을 향기, 그중에서도 솜사탕처럼 달콤한 '계수나무'의 향기가 코끝으로 스며듭니다. 정말 돌이킬 수 없는 가을이 온 것입니다. 나무를 포함해 식물이라는 존재를 공부하며 지금까지 살아왔지만, 그들이 환경에 적응하고 꽃을 피우고 씨앗을 맺으며 살아가는 기기묘묘한 방법들에 매번 놀라고 감탄합니다. 제겐 나무들이 가을을 맞이하는 순간이 가장 가슴 뭉클해지는 감동적인 때입니다.

    생각해 보세요. 우리가 낭만으로 여기는 낙엽이 무엇이고, 구경하고 놀이를 떠나는 단풍이 무엇인지를요. 우리나라 같은 온대 지방에서 가을은 풍요로운 결실의 계절이지만, 이내 닥쳐올 모질고 추운 겨울을 준비해야 하는 계절이기도 합니다. 초록색 잎사귀는 그 속에 엽록소가 햇볕을 받아 광합성으로 양분을 만든다는 증거의 빛깔입니다. 나무들이 더 이상의 생장을 포기하는 순간 초록의 엽록소는 파괴됩니다. 그리고 숨어 있던 카로티노이드와 같은 노란 색소가 드러나면 은행나무처럼 노란빛 단풍이 들고, 안토시안과 같은 붉은 색소가 발현하면 단풍나무처럼 붉은빛 단풍이 들지요. 어려움을 준비하는 힘들고 비장한 순간에 이토록 아름다운 단풍 빛으로 자신을 물들이는 존재가 나무 말고 또 있을까 싶습니다.

식물의 특성과 일생을 결정하는 요인은 여러 가지입니다. 싹을 올릴 때는 '땅의 온도'가, 꽃이 피는 시기나 잘 크고 자라는 데는 '햇빛'이 결정적인 역할을 합니다. '수분'은 싹이 트는 것과 세계 대륙의 식물 분포대를 결정하는 중요 요인이지요. 식물이 절대적인 어려움을 겪는 요인은 바로 '기온'으로, 수분이 가득한 식물체가 얼어 버리는 겨울을 준비해야 하기 때문입니다.

나무들은 겨울 준비를 하면서 동해를 입을 만한 연한 부분을 모두 떨궈 내려고 잎이 달린 잎자루에 떨켜를 만듭니다. 바로 그때 본격적으로 '계수나무' 향기가 납니다. 그러니까 무성하던 한 해의 왕성함을 포기하는 그 순간에 향이 퍼져 나오는 것이죠. 겁나는 순간을 달콤하게 표현하고 있으니, 이 장한 모습을 보고 어찌 마음이 짠하고 뭉클하지 않을 수 있을까요? 게다가 저는 아직 그 나무가 왜 가을에, 그리고 겨울을 눈앞에 두고 그리 사랑스러운 향내를 뿜어내는지 그 까닭을 알지 못합니다. 그저 현상만 인지할 뿐이지요. 얼마나 많은 공부를 해야 자연의 이유들을 설명할 수 있을지를 생각하면 스스로가 한없이 작아지기도 합니다.

계수나무는 향기뿐만 아니라 빛깔로도 가장 먼저 가을을 알립니다. 앞에서 말한 그 숱한 가을 나무들 가운데 맨 먼저 초록의 잎

벚나무	멍석딸기
꾸지나무	
상수리나무	생강나무

사귀를 노란 빛깔로 물들이는데, 계수나무의 고향이 가을과 겨울이 먼저 시작되는 북쪽이기 때문입니다. 광릉 국립수목원 마당에 자라는 계수나무는 우리나라 곳곳에 퍼져 나간 모든 계수나무의 부모 나무입니다. 광릉숲의 일부는 우리나라 나무 심기의 산 역사인데, 한 80년쯤 되었을까요? 오래전 이곳에 좋은 나무들을 들여와서 우리나라에 잘 적응하고 살 수 있는지 실험하고 연구하였습니다. 그중에 계수나무도 포함되었는데 이 나무들이 매년 만들어 낸 씨앗이 묘목으로 키워져서 전국으로 퍼져 나간 것이죠. 이 정도면 아름다운 거목인 계수나무가 이 땅에 산 역사도 만만치 않은데, 일찌감치 겨울을 준비하던 고향에서의 본성을 잃지 않고 여전히 그 모습 그대로 가을을 열고 있습니다.

북쪽 고향보다 훨씬 온화한 땅에서 대를 거듭해 살았다면 이제 변하여 다소 게으르고 편안하게 지내도 될 듯한데, 계수나무는 여전히 스스로가 어디에서 왔는지를 잊지 않고 살아갑니다. 그렇다고 이 나무들이 완고하고 고집스럽게 사는 것만은 아닙니다. 이 땅에 잘 적응하여 부챗살같이 수려한 가지를 펼쳐 내고, 봄이면 꽃잎도 없는 사소한 꽃들이 잔잔하게 피어 전체를 보면 마치 이른 봄 아침에 연자줏빛 꽃 안개가 생긴 듯 은은합니다. 여름이면 심장을 닮은 귀여운 잎사귀가 크고 시원한 그늘을 만들고, 이내 가을엔 달콤한 향기로 사람들을 사로잡으니 새로운 환경에서 가장 적절하게 변신하고 자리 잡아 사랑받고 있지요.

생각해 보면 한편으로는 자신의 근본을 잊지 않고 전통과 특성을 소중히 계승하며, 한편으로는 새로운 환경을 적절히 받아들이고 아름답게 변화하여 사는 계수나무가 지금을 살면서 미래를 열

단풍 들고 낙엽 지는 데도 나무마다 순서가 있습니다.
참나무류 잎은 벌써 졌는데 단풍나무 잎은 아직 한창이네요.

어 가려면 계승과 변화가 조화를 이루어야 함을 첫 가을을 맞이하며 이야기하는 듯합니다. 모든 가치를 둘로 나누어 말 한 마디에 내 편과 네 편으로 나뉘는 것이 아니라고, 부의 정도에 따라 사는 곳에 따라 편이 갈리고 가치가 획일화되면 정말 안 된다고, 자연의 순리가 아니라고 말해 주는 듯합니다. 계수나무의 가을은 이제부터가 진짜입니다. 동글동글 잎사귀들이 노랗게 물들어 눈부실 것이고, 그 향기는 온 숲으로 우리 마음으로 퍼져 나갈 것입니다.

매년 이즈음이면 좋은 일을 혼자만 차지할 수 없어서 주위 사람들에게 항상 자신 있게 권하는 것이 있습니다. 바로 가을 숲길 걷기입니다. 아주 짧은 시간이라도 가을 숲길로 떠나 보세요. 낙엽이 쌓이기 시작하는 숲길의 감촉과 사각거림, 서늘해진 바람을 타고 묻어오는 가을 숲의 향기, 깊어 가는 가을의 나무 틈 사이로 비추는 청명한 하늘빛, 무엇보다도 마음을 크게 열어 나무와 숲이 속삭이는 이야기에 귀를 기울여 보세요. 나무는 위로와 휴식을 건네는 일에도 결코 인색하지 않습니다.

혹시 살다가 등진 사람이 있다면, 마음을 사로잡고 싶은 사람이 있다면 솜사탕 향이 진동하는 광릉숲 계수나무 밑을 꼭 걸어 보세요. 그저 묵묵히 그 나무 길을 걷기만 하여도 무욕無慾의 나무 향이 마음을 녹여 주어서, 어느새 손을 잡고 돌아가는 우리의 모습을 보게 될지도 모르겠습니다. 꼭 계수나무 길이 아니어도 좋습니다. 낙엽이 져서 구수해진 숲의 향기, 맑고 서늘한 가을바람, 그 바람 따라 팽그르르 비상하는 단풍나무 열매까지 가을을 맞이하는 숲의 풍광은 경쟁과 긴장의 일상에서 잠시 우리를 치유해 줄 것입니다.

열매 요리가 늘 수라상에 오른
상수리나무

진짜 나무 참나무입니다. 하고 많은 나무 중에 바로 이 나무가 참나무가 되었습니다. 참나무 집안 이름이 학명으로 쿠에르쿠스 *Quercus*인데 이 라틴어에도 '진짜', 즉 '참'이라는 뜻이 함축되어 있답니다. 게다가 우리나라 산의 숲들이 소나무 숲에서 참나무 숲으로 변해 간다고 합니다. 우리 산의 주인이 바뀌고 있습니다.

그런데 참나무를 모르신다고요? 식물도감에도 없다고요? 맞습니다. 흔히 도토리가 열리는 졸참나무, 갈참나무, 굴참나무, 신갈나무, 떡갈나무, 그리고 상수리나무를 한데 묶어 '참나무'라고 합니다. 상수리나무가 이러한 동족과는 조금 다른 이름을 갖게 된데는 사연이 있습니다. 원래 이름은 '토리'였는데 임진왜란 당시 의주로 몽진한 선조가 제대로 먹을 만한 음식이 없을 때 이 나무 열매로 만든 묵 맛에 반해 그 후로도 즐겨 찾았답니다. 그래서 '상시 수라상에 올랐다' 하여 '상수라'라고 불렀고, 이 말이 '상수리'가 되었다고 합니다.

상수리나무의 가을 단풍 빛이 참 그윽하고 멋집니다. 가을빛이라는 표현 그대로예요. 이렇게 단풍 든 잎들은 다 마르도록 오래 가지에 달려 있습니다. 때론 새봄이 와서 새잎이 날 때까지도요.

상수리나무 Fagaceae (참나무과) *Quercus acutissima* Carruth.

붉은 열매와 어우러진 초연히 아름다운 단풍
마가목

마가목의 단풍은 그 붉은 열매와 어우러져 더욱 아름답습니다. 마가목의 열매는 높은 산의 구름을 이고 바람을 지며 파란 하늘을 배경 삼아 자라는 그 고고함 때문에 더욱 빛나는 듯싶습니다. 속세 사람들은 마가목의 나무껍질이 혹은 그 열매가 좋다며 치근거리지만, 깊은 산 높은 곳에서 그 모든 것을 떨치고 살아남았으니 초연한 아름다움이 더 빛을 발합니다.

제가 마가목을 가장 인상적으로 만난 곳은 울릉도입니다. 성인봉 정상에서 만난 마가목은 탁 트인 시야를 바라보며 살면서 꽃은 꽃대로, 열매는 열매대로 그 계절을 한가득 담고 세월을 보내고 있었습니다. '마가목'이라는 이름은 봄철 눈이 트려 할 때의 모습이 말의 이빨처럼 힘차게 솟아오른다고 해서 '마아목馬芽木'이라 불린 데서 유래했다는 설이 유력합니다. 줄기 껍질도 말가죽을 닮았습니다. 그래서 줄기는 다소 거칠어 보이고, 펼쳐낸 잎은 작은 잎들이 깃털처럼 모여 겹잎을 이룹니다. 늦은 봄에 피어나는 마가목의 꽃 하나하나는 작지만, 이 작고 귀여운 흰 꽃들이 모여서 큰 꽃다발을 만들지요. 가을이 되면 높은 곳부터 가장 먼저 겨울을 준비하며 물들기 시작하는 잎사귀가 꽃송이만큼 풍성한 열매송이들을 받쳐 줍니다. 그리고 또 시간이 흘러 물들었던 잎사귀마저 다 떨어지고 앙상한 가지가 그대로 드러난 계절에도 열매는 다소 탄력을 잃었어도 여전히 붉고 아름답게 달린 채 겨울을 맞습니다.

마가목 Rosaceae (장미과) *Sorbus commixta* Hedl.

화살을 닮은 날개를 가진
화살나무

붉은 단풍이 고운 것은 단풍나무만인 줄 알았는데, 그에 못지않게 고운 빛깔을 가진 나무들이 많더군요. 화살나무의 붉은 단풍 빛도 아주 고와요. 채도가 아주 높은 맑은 빨강이라서 선명하고 산뜻하답니다.

사실 화살나무는 까다로워 보기 힘든 나무가 아니라서 우리 산 어디를 가나 그리 어렵지 않게 볼 수 있습니다. 눈여겨보지 않으면 스쳐 지나갈 만큼 숲속의 여러 나무와 조화되어 평범하게 살고 있지요. 요즈음에는 강하면서도 단풍 빛이 좋다는 것을 인정받아 도심 곳곳에 무리 지어 심고 있으니 더욱 친근한 서민의 나무가 되고 있습니다.

이 화살나무는 제대로 알면 알수록 새록새록 매력이 넘쳐 납니다. 단풍과 함께 남은 열매도 귀엽고, 무엇보다도 줄기에 2~4줄까지 달려 있는 코르크질 날개가 독특합니다. 진회색 나무껍질과 같은 색깔의 이 날개가 마치 화살에 붙이는 날개 모양과 같다 하여 나무 이름이 '화살나무'가 되었습니다. 화살을 닮은 이 날개는 '귀전우鬼箭羽'라는 생약 이름으로 불리며 좋은 약재로 쓰입니다. 또 새순과 어린잎은 나물로 무쳐 먹거나 잘게 썰어 밥을 지어 먹기도 합니다. 쓸모가 넘치는 나무이지요?

화살나무 Celastraceae (노박덩굴과) *Euonymus alatus* (Thunb.) Siebold

아름다운 열매가 단풍보다 화려한
누리장나무

 가을 단풍은 꽃보다 화려하지만, 가을 열매가 단풍보다 화려한 나무도 있습니다. 도대체 한 번도 본 적이 없는 듯한 색깔과 모양의 열매가 달려서 일단 보면 아무리 목석 같은 마음이라도 한 번쯤은 발길을 멈추고 바라보게 되고, 이내 이름이 무얼까 궁금해질 법한 나무가 바로 누리장나무입니다. 사실은 꽃도 그만큼 특별합니다.

 가을에 보는 누리장나무의 붉은빛은 꽃이 지고 난 뒤 남은 꽃받침의 빛깔입니다. 그 빛깔은 그저 붉다고 말하기 어려운 자줏빛이 많은 아주 특별한 색깔이어서 마치 자연에 이런 빛깔이 있을까 싶을 정도이지요. 꼭 먹으면 안 될 것 같은 불량 식품의 색깔 같아요. 열매는 익으면서 꽃받침이 벌어지고, 그 안에 남빛이 도는 검은 구슬의 모습으로 드러납니다. 아름답게 세팅해 놓은 흑진주 반지 같은 모습이네요.

 늦여름에 피어나는 꽃송이들도 수술을 길게 올리며 아름답고 개성 있는 모습이지만 한 가지 결점이 있습니다. 짐작하셨을지 모르지만 '누리장나무'라는 이름이 힌트인데, 바로 나무의 온몸에서 오래된 시골 곳간 냄새와도 같은 누린내가 난다는 것입니다. 그래서 '개나무(씻지 않은 개에서 나는 냄새 같기도 하니까)'라는 치명적인 별명도 있습니다.

누리장나무 Verbenaceae (마편초과) *Clerodendrum trichotomum* Thunb. ex Murray

오 헨리의 마지막 잎새
담쟁이덩굴

창 너머 보이는 돌벽 위로 담쟁이덩굴이 가득 올라가 있습니다. 그리고 그 덩굴 가득 달린 나뭇잎마다 붉은 가을 물이 곱게 들고 있습니다. 봄이면 발긋하게 파릇하게 돋아나는 새순도 귀엽고, 여름이면 그 무성한 초록빛도 시원하지만, 가장 아름다운 모습은 아무래도 가을 단풍입니다. 한 잎사귀에서도 알록알록 여러 빛깔로 물드는 모습은 하나같이 곱고도 가을에 잘 어우러집니다.

담쟁이덩굴은 포도과에 속하는 잎 지는 덩굴 식물입니다. 줄기에 흡착근이 있어 숲속의 바위든 나무든 도시의 담장이든 가리지 않고 잘도 올라가지요. 마치 심전도 검사할 때 몸에 탁탁 고정시키는 둥근 물체 같기도 하고, 오징어 다리에 붙어 있는 둥근 흡반을 닮기도 했습니다. 얼마나 담을 잘 타면 이름도 담쟁이덩굴이 되었을까요?

가을이 깊어지면 그 곱던 단풍도 이내 하나둘 떨어지고 몇 장 남지 않게 됩니다. 그 유명한 오 헨리의 〈마지막 잎새〉가 바로 담쟁이덩굴이라고 합니다. 도종환 시인은 〈담쟁이〉라는 시에서 '담쟁이는 절망을 푸르게 다 덮을 때까지, 잎 하나가 수천 개의 잎을 이끌고 결국 절망을 넘는다'고 말합니다. 모두 이 나무가 희망을 놓지 말라고 한다네요.

담쟁이덩굴 Vitaceae (포도과) *Parthenocissus tricuspidata* (Siebold & Zucc.) Planch.

11월
겨울눈 속에서
지난 세월과 새봄을 함께 읽다

계수나무의 달콤한 향기로 가을이 시작되었다면, 단풍의 붉은 빛으로 가을은 무르익고, '메타세쿼이아'의 단풍과 낙엽으로 가을은 집니다. 바늘잎나무이지만 잎이 지는 메타세쿼이아는 가을이면 새의 깃털처럼 생긴 잎이 아주 운치 있는 붉은빛으로 단풍이 듭니다. 그 빛깔이 얼마나 멋진지, 초록에서 점차 변해 가는 빛깔의 흐름에 따라 가을이 가곤 합니다. 그리고 물든 잎사귀마저 깃털이 떨어지듯 다 떨어지면 고스란히 줄기가 드러납니다. 저는 이때부터가 겨울이라고 혼자 정의해 두었습니다.

나무와 깊이 사귈수록 놀라운 것은 나무는 겨울에도 그 아름다움의 깊이를 더해 간다는 사실입니다. 그저 앙상하게 드러난 나뭇가지려니 했던 줄기는, 그를 볼 줄 아는 사람들에게만 보여 주는 멋진 세상을 숨기고 있습니다. 꽃이 지고 나면 벚나무를 알아보지 못하고, 노란 물이 들기 전에는 은행나무가 곁에 얼마나 많이 있는지도 깨닫지 못하는 우리지만, 진짜 나무를 알게 되면서 비로소 겨울나무의 멋과 맛이 눈과 마음에 들어옵니다.

우선, 나무껍질이 나무마다 다릅니다. 때론 어린나무와 큰 나무가 다르기도 합니다. 잘 알고 있는 나무의 나무껍질 중에는 얼룩

얼룩 둥근 무늬를 만들며 떨어지는 '양버즘나무'가 있습니다. 쉽게 말하면 플라타너스이지요. 양버즘나무는 공해에도 강한 세계적인 가로수인데, 나무껍질이 벗겨지는 모습 때문에 다소 지저분한 이름이 붙었습니다. 여담이지만, 북한에서는 이 나무를 '방울나무'라고 한답니다. 방울이 달리듯 늘어져 달리는 열매 때문이지요. 만일 남북한이 통일된다면 식물 이름도 하나로 정리해야 할 것이 많은데 이 나무만큼은 방울나무의 편을 들고 싶습니다. 좋은 나무에게 피부병인 '버짐'이란 이름을 붙인 게 좀 미안한 생각이 들어서요.

나무껍질을 가지고 구분이 쉬운 나무 중에는 '은사시나무'가 있습니다. 빨리 자라는 특성 때문에 예전에 황폐했던 산에 많이 심었던 나무이지요. 이 나무는 나무껍질에 다이아몬드 무늬가 나타납니다. 나무껍질에 있는 숨쉬는 구멍의 모양이 마름모꼴이어서 구별하기 아주 쉽지요. 나무껍질로 가장 사랑받는 나무는 '자작나무'가 아닐까 싶습니다. 〈닥터 지바고〉 같은 북유럽을 배경으로 한 영화에도 자주 등장하는 흰빛 나무껍질을 가진 나무 말입니다. '숲의 요정', '신들이 사는 숲의 나무'라는 명성에 걸맞은 이 자작나무 숲에 가면 가슴이 떨려오고 영혼이 맑아질 만큼 아름다움을 느낍니다. 때론 남쪽 자작나무의 나무껍질이 거뭇거뭇한데, 이것은 기후에 맞지 않은 좀 더 따뜻한 남쪽에 와 있기 때문이랍니다.

아는 척 하기에 매우 좋은 나무껍질도 있습니다. 혹시 꽃이 지고 열매도 버찌도 없는 '벚나무'를 구별할 수 있나요? 꿀샘이 달린 잎을 알아보신다면 그 정도도 대단하지만, 잎마저 지고 나면 어떤가요? 비결을 알려 드리면 벚나무는 암갈색으로 반질거리는 나무껍질에 가로로 줄을 그으며 터지는 통기구멍을 가지고 있습니다.

주변의 나무줄기에 이런 특징이 있으면 자신 있게 벚나무라고 말씀하셔도 됩니다.

한편으로는 줄기에 난 가지들을 구경하면 마치 인생을 보는 듯합니다. 나무마다 제각각 다른 각도와 구도로 발달된 가지 배열은 때론 자유롭게 때론 규칙적으로 때론 기하학적으로 완벽하게 발달합니다. '메타세쿼이아'처럼 긴 원추형의 나무 모양으로 섬세한 잔가지들을 발달시키는 나무도 있고, '서어나무'처럼 줄기가 자유롭게 발달하며 마치 남자의 근육이 발달하듯 툭툭 역동적으로 불거진 줄기를 가지는 나무도 있지요. 그래서 서어나무의 별명이 '머슬트리Muscles Tree'랍니다. 그런데 나무의 가지 발달은 단순히 나무 각각이 가지는 개성 정도로 생각할 일이 아닙니다. 줄기는 양분을 만들기 위해 좀 더 많은 햇볕을 효과적으로 받으려고, 줄기를 이리저리 숲속 빈틈을 향해 뻗어 내고 가지를 발달시켜 나뭇잎을 달지요. 게다가 나무의 마디를 잘 관찰하면 한 해 동안 얼마만큼 자랐는지도 알 수 있습니다. 그러니 나무의 줄기와 가지가 자란 모습을 보면 지난 여러 해 동안 얼마만큼 열심히 살아왔는지, 그 환경이 어떠했을지 짐작할 수 있습니다.

그런데 나뭇가지를 자세히 들여다보면 더욱 놀라운 세상이 펼쳐집니다. 그 가지엔 지난 계절에 붙어 있던 잎의 흔적, 그 속에 양분을 날랐던 관 속의 흔적까지도 고스란히 담겨 있습니다. 잎의 흔적을 '엽흔'이라고 부르는데, 잎이 없어도 엽흔을 보면 그 나무의 잎들이 돌려나는지 마주나기를 하는지 알 수 있습니다.

나무에서 겨울에 보는 눈芽을 '겨울눈', '동아冬芽'라고 부릅니다. 사전적으로 눈은 '새로 막 터져 돋아나려는 식물의 싹'을 말하는

데, 다음해에 가지를 올리고 새로운 꽃과 잎이 되는 나무의 미래가 바로 겨울눈 속에서 때를 기다리는 것입니다. 역설적이게도 가장 모진 계절의 겨울눈 속에는 식물의 가장 어리고 연한 조직이 들어 있는 셈입니다. 하지만 이 여린 미래는 가장 바깥을 아주 단단한 껍질로 철저히 무장하고 있습니다. 추위를 막는 역할을 하는 것이지요. 마치 우리가 겨울에 코트를 입듯이요. '백목련'처럼 연회색빛 털 코트를 입은 겨울눈도 있고, '물푸레나무'처럼 검은색에 가까운 가죽 코트를 입은 겨울눈도 있지요. 어떤 코트를 입었는지에 따라 나무마다의 개성이 드러납니다.

나무 종류마다 눈의 모습이나 역할이 모두 다른데 그중에는 꽃으로 피어날 꽃눈花芽도 있고, 잎으로 펼쳐질 잎눈葉芽도 있으며, 이 모두가 차례차례 눈 하나에 들어 있는 눈도 있습니다. 줄기의 가장 끝에 있으면서 가장 큰 눈은 보통 정아頂芽라고 하는데, 이변이 없는 한 내년이면 줄기와 꽃 혹은 잎이 될 녀석들입니다. 그 옆에도 측아側芽라고 불리는 눈들이 있습니다. 정아에 문제가 생기면 대신 새 가지로 자랄 예비군입니다. 어려움을 대비해 측아보다 더 작은 눈들이 주변에 있기도 하고, 아예 줄기 껍질 속에 들어가 있다가 위급할 때 터지는 잠아潛芽도 있습니다.

게다가 내년 봄이 되면 일시에 꽃을 피워 세상을 환하게 만들어 주목받고 싶은 '진달래'나 '개나리' 같은 꽃나무들은 이미 꽃으로 피워 낼 꽃눈의 분화를 마친 상태로 겨울을 납니다. 봄이라는 가장 아름다운 계절을 자기들의 세상으로 만들려고 아주 부지런히 준비하는 것이지요. 물론 그냥 겨울을 견뎠다가 봄이 오고 나서 서서히 조직을 분화하는 나무들도 있습니다. 하지만 이들의 잎

튤립나무	다릅나무	목련
앵도나무	히어리	미선나무

혹은 꽃들은 이미 지상에 지천인 초록빛에 묻혀 버리기 십상입니다. 새 시대의 첫 주인공이 되기는 어렵지요. 세상살이는 계절의 변화처럼 변화무쌍하여 화려한 단풍 잔치 다음엔 모진 겨울이 기다리며, 그 어려운 계절의 나뭇가지엔 새봄의 희망이 숨어 있습니다. 또 그 희망은 어려운 시간을 어떻게 견디고 노력하고 준비하느냐에 따라 달라집니다. 혹시 지금 어렵다면, 혹은 지나치게 잘 나간다면 모두 겨울을 앞둔 나뭇가지가 하는 이야기를 귀담아 들어 보면 어떨까요?

다시 한 번 그간 스쳐 지났던 겨울눈을 들여다보기로 했습니다. 겨울눈이 까맣게 반질거리는 '물푸레나무'며, 잔가시가 무성한 '두릅나무', 황갈색 잔털이 빼곡하니 동글동글한 '오동나무', 화살촉처럼 뾰족뾰족한 '진달래', 회색도 갈색도 아닌 은은한 '수수꽃다리' 줄기의 빛깔까지요. 그리고 모진 겨울을 잘 견디는 것은 당연한 어려움이 오지 않기를 바라는 게 아니라 어떤 추위에도 잘 견딜 수 있는 튼튼한 자신을 만드는 일입니다. 이를 미리 준비하는 나무의 방법도 다시 떠올려 봅니다.

맑은 향으로 우리 곁을 지킨
향나무

향나무는 나무가 바로 향香 그 자체여서 향나무가 되었습니다. 예전엔 향나무 줄기나 가지를 쳐서 향을 피웠다고 하지요. 머리를 맑게 한다며 향나무 줄기를 잘라 베개 속에 넣기도 하고, 여러 가지 공예품을 만들기도 했답니다. 그래서 울릉도와 같은 자생지의 향나무들은 대부분 사라져 천연기념물로 지정해 보호해야 할 만큼 귀해졌습니다. 이젠 향나무를 향으로 느끼기 어려워진 것이지요.

그래도 주위를 둘러보면 향나무는 곳곳에서 우리 곁에 있어 온 듯합니다. 수백 년을 살아 가지가 뒤틀어져 버린 창덕궁 정원의 향나무부터 현대 정원에서 기하학적인 모양으로 만들어 가꾸는 향나무까지 늘 푸른 잎을 지니고 있어서 한결같아 보여도 관심 있게 바라보면 향나무도 계절에 따라 변하고 시대에 따라 의미도 변함을 알 수 있습니다.

봄이면 꽃잎은 없어도 꽃이 피고, 늘 푸른 나무여도 새잎을 가지지요. 자세히 보면 가지의 나이도 알 수 있습니다. 비늘 같은 잎과 침처럼 뾰족한 잎 두 가지가 있는데, 5년 이상쯤 나이 먹은 가지에는 얇고 작은 잎들이 비늘처럼 포개어져 달려 손에 닿아도 부드럽게 느껴집니다. 어린 나뭇가지에는 바늘처럼 끝이 뾰족하여 찔리면 아픈 바늘잎이 달립니다.

향나무 Cupressaceae (측백나무과) *Juniperus chinensis* L.

찬 서리를 맞으며 더욱 영롱해지는
차나무

11월의 나무를 고르라면 저는 주저 없이 차나무를 꼽습니다. 찬 바람이 매서워지는 이즈음 아무도 기대하지 않던 작은키나무에서 희고 소담스러운, 동백나무처럼 노란 수술이 고운 꽃을 피워 내어 마음을 모두 빼앗아 갑니다. 10월부터 12월까지 찬 서리를 맞으면서 더욱더 영롱해지는 차나무의 꽃을 두고 시인들은 '운화雲華'라고 한답니다.

게다가 차나무의 꽃만 볼 수 있는 것은 아닙니다. 지난해 맺어 놓은 열매가 여물고 있으니까요. 아름다운 흰 꽃과 조랑조랑 귀여운 열매가 함께 달리는 이즈음이야말로 차나무의 계절이라 할 수 있지요. 이렇듯 차나무는 꽃과 열매가 마주 본다 하여 '실화상봉수實花相逢樹'라고도 합니다.

차를 즐기는 일에 비해 차나무를 즐기는 일은 아직 익숙하지 않은 듯합니다. 차나무는 보통 층층이 줄줄이 굽이굽이 심습니다. 정원처럼 만들어진 차밭이라하여 이곳을 밭이나 과수원이 아닌 '다원茶園'이라고 부릅니다. 쌀쌀한 초겨울 맑은 바람을 맞으며 때론 꽃을, 때론 열매를 만나며 초록 길을 거닐다 들어와 맑고 푸른 녹차 한 잔을 다려 그윽한 향기와 맛을 즐겨 보세요. 몸과 마음이 따스해지는 순간입니다.

차나무 Theaceae (차나무과) *Camellia sinensis* L.

붉은 열매가 눈길을 사로잡는
먼나무

나무를 제대로 알기도 전에 이름 가지고 말이 많습니다. "이 나무가 먼(무슨)나무야?" "아니야, '이 나무'와 '먼 나무'는 달라." '먼나무'를 두고 가장 많이 하는 농담입니다. 두 나무는 진짜 이런 이름을 가진 서로 다른 나무이지요.

"가까이 하기엔 너무 먼(멀리 있는)나무"라고도 합니다. 하지만 이 이름의 유래를 따지고 보면 '나무껍질에 검은빛이 많아 먹물 같다'는 뜻의 제주도 방언 '먹낭'에서 먼나무가 되었다는 이야기가 유력하지요.

하지만 이 나무를 제대로 알고 나면 재미 삼아 하던 농담은 싹 사라지고 그 강렬한 매력에 푹 빠지고 맙니다. 특히 겨울에 말입니다. 겨울을 눈앞에 둔 이 어정쩡한 계절에 초록으로 반짝이는 둥근 잎사귀를 배경 삼아 나무 한가득 붉은 열매를 가득 매단 모습에서 감탄이 절로 입니다. 멀리 있는 제주도나 보길도 바닷가 숲에서나 만날 수 있는 나무이지만 지금은 제주도를 비롯한 남부 지방 곳곳에 가로수로 등장해 사랑받는 덕분에 자주 볼 수 있습니다. 새를 부르기도 하는데 오래도록 달려 있던 열매는 어느 날 직박구리와 같은 새들이 몰려와 한순간에 먹어 버리기도 합니다. 남도의 길을 가다 이 붉은 열매가 눈길을 잡았다면 물어보세요. 그 나무가 '먼나무'라고 이야기해 줄 겁니다.

먼나무 Aquifoliaceae (감탕나무과) *Ilex rotunda* Thunb.

반질반질 반짝반짝 생명력이 돋보이는
후박나무

후박나무가 돋보이는 계절입니다. 여전히 푸르고, 넓은잎은 큼직하며 게다가 반질반질 윤기가 나니 새삼 생명력이 느껴집니다. 큰 나무 가득 달린 잎들은 풍성하고, 살짝살짝 붉은 잎자루가 돋보여서 지루하지 않습니다. 게다가 꽃이 피고 진 여름 이후 1년을 꼬박 보내면, 그 다음 여름부터 차츰 열매가 익어 가기 시작합니다. 구슬처럼 둥근 녹두 빛깔의 열매가 점차 검보랏빛으로 익어 흑진주를 달아 놓은 듯 반짝이는 모습이 여간 예쁘지 않지요. '후박厚朴'이라는 이름 그대로 인정이 두텁고 거짓이 없는 소탈한 우리 나무입니다.

오래전 우리나라의 상록활엽수림을 조사했던 적이 있었습니다. 오래 보전된 그 울울한 우리의 상록활엽수림, 그 숲의 주인공은 단연 후박나무였습니다. 이 멋지고 기품 있는 나무는 아쉽게도 따뜻한 남쪽 섬 지방에 가야 진짜 모습을 만날 수 있습니다. 중부 지방 도시에 사는데 우리 집 앞 공원에도 후박나무가 있다고요? 그건 잘못 아신 거예요. 일본목련을 두고 그렇게 부르기도 하니 틀린 이름이지요. 솔직히 말해 이 일본목련이란 나무도 나무로 치자면 좋은 나무지만, 이 땅에서 자라는 늘 푸른 넓은잎나무의 주인인 우리 후박나무를 모르고 그리 부르는 건 다소 유감입니다.

후박나무 Lauraceae (녹나무과) *Machilus thunbergii* Siebold & Zucc.

389

우후죽순 줄기로 퍼지는
죽순대

몇십 년 만에 한 번씩 꽃이 핀다는 죽순대 꽃, 한 번 꽃이 피고 나면 죽순대가 일제히 죽어 버리니 신기한 일입니다. 대부분의 식물이 꽃을 피우는 것은 결실을 하고 씨앗을 만들어 후손을 퍼트리기 위함인데 꽃이 피지 않아도 대밭은 잘도 퍼져 가니 말입니다.

죽순대는 땅속에도 줄기를 가지는데 촘촘한 마디마다 뿌리가 돌려나고 눈도 붙어 있답니다. 비가 오고 조건이 좋으면 이 눈이 싹터서 새로운 죽순을 내보내는 것이지요. '우후죽순'이라는 말이 여기서 생겨났어요.

땅속줄기로 퍼져 나가면 겉보기에는 무성해 보이지만 동일한 개체에 이어 가는 것이라 유전적인 다양성은 없어지고, 결국 한정된 면적에서 동일한 개체끼리 경쟁하게 되어 일순간 위험에 처하는 번식법입니다. 오랫동안 무성하게 번성하며 잘 사는 듯하다가 결국은 한계에 이르게 되고, 꽃이 핀 후 쇠퇴하게 됩니다. 자연이란 어렵더라도 암술과 수술의 꽃가루가 인연을 맺어 결실하며 그렇게 다양한 환경에 적응해 살아가는 것이 이치임을 깨닫게 됩니다. 그런데 죽순대라는 이름이 좀 생소하시다고요? 죽순대는 흔히 '맹종죽'이라고도 부릅니다. 굵게 자라는 대나무 가운데 죽세공을 흔히 하는 종류는 '왕대'고, 죽순을 먹기 위해 심었던 종류가 바로 '죽순대'입니다.

죽순대 Poaceae (벼과) *Phyllostachys pubescens* Mazel ex Lehaie

액운이 무서워하는 뾰족한 가시
음나무

잎 지고 난 마른 줄기, 그 무성한 가시만 보아도 음나무를 알아볼 수 있습니다. 얼마나 무섭던지, 옛 어른들은 이 나무를 더러 집 앞이나 마을 앞에 심어 두었고, 그도 안 되면 가지를 잘라 문지방 위에 매달아 두기도 하였답니다. 모두 다 액운이 이 음나무를 보고 무서워 도망가라는 뜻이었다지요.

하지만 음나무가 정작 무서워하는 것은 사람이나 자신을 해할 동물인 듯합니다. 손쉽게 잎을 딸 수 있거나 먹힐 수 있는 어린나무일 때는 그리 무성하던 가시가 닿을 수 없을 만큼 아름드리로 굵게 커 가면서 점점 둔하게 뭉툭해지니까요. 생각해 보면 가시가 무성한 두릅나무와 아까시나무도 모두 사람이나 동물이 좋아하는 영양가 있는 잎을 가진 나무들입니다. 두 나무 모두 가시가 무성한데 커 갈수록 사라집니다. 가시를 통해 건드리지 말라는 경고를 보내는 것이지요.

음나무는 그 순이 매우 향기롭고 쌉싸래하면서도 입맛을 돋우는 맛이 일품입니다. 두릅나무와 빗대어 '개두릅'이라고도 부르지만 산의 먹거리에 정통한 사람들은 두릅나무보다 한 수 위로 친답니다.

음나무 Araliaceae (두릅나무과) *Kalopanax septemlobus* (Thunb.) Koidz.

12, 1, 2월
나무들의 겨울나기와
봄 기다리기

　겨울 걱정은 숲속 생물들도 우리와 마찬가지일 것입니다. 가을에 보이는 단풍, 낙엽, 결실 같은 현상 모두 생물들의 걱정을 표현하는 한 형태라고 해도 과언은 아니지요. 겨울 없이 지낼 수 있으면 좋겠다는 생각이 들지만, 너무 가혹하지만 않다면 겨울이 꼭 그렇게 나쁜 것만은 아닙니다. 겨울 추위는 죽을 것은 죽고, 살아남을 것은 살아남아 전체적으로 자연의 균형을 맞추어 가는 것이 순리라고 알려 주지요.

　단순히 생각해 날씨가 따뜻하다면 식물이 생장하기에 적합해 언제나 초록 잎과 꽃들을 만나겠구나 싶지만 실상 그렇지도 않습니다. 적어도 겨울 추위를 겪으면서 적응했던 진정한 온대 식물들은 따뜻한 열대 지방에 옮겨 놓으면 잘 자라지 않습니다. 물론 처음부터 따뜻한 나라에 살던 식물들은 그 환경에 적응하는 방법이 다르니 별개이지만요. 봄에 수선화나 아마릴리스 같은 식물을 화분에 심어 꽃을 잘 감상했는데, 이를 그냥 따뜻한 아파트 안에 두면 다시 꽃이 피지 않거나 심지어 한 번 시든 잎이 다시 올라오지 않는 것을 경험한 분들이 있을 것입니다. 사과나 배와 같은 온대 과일을 온실에서 키운다면 사철 내내 생산이 잘 될까요? 처음에는 쑥 클지 모르지만 이내 정상적인 생활을 하기가 어려울 것입니다.

봄이 되어 눈芽이 터지고 새싹을 만들 때나 꽃을 피우며 식물이 자라나는 데는 따뜻한 봄 기온뿐 아니라 겨울 추위라는 자극이 반드시 필요하지요. 이것은 식물들이 스스로의 때가 왔음을 인지하는 방법입니다. 나무들은 지금 여린 싹을 쌀 단단한 껍질을 만들고, 추위가 스며들 약한 곳을 차단하려고 낙엽을 떨구고, 얼지 않도록 수분 농도를 낮추고 당분 농도를 높이는 등 바쁘게 움직입니다. 그 어려운 시간이 자극이 되어 찬란한 봄을 맞이할 수 있도록 말입니다.

독야청청 푸르른 '소나무'가 가장 돋보이는 계절이 바로 겨울입니다. 어디 소나무뿐일까요? '전나무', '잣나무', '구상나무'까지 낙엽이 지고 회갈색 나무줄기가 즐비한 숲에서 늘푸른나무의 푸른빛이 새삼스레 느껴집니다. 하얗게 내린 눈은 아직도 진초록빛 가지 위에 남아 있고, 시리도록 푸르러진 하늘까지 보이는 이 계절 숲은 겨울 풍경의 백미입니다.

잎이 지는 나무들은 조직이 약한 잎들을 모두 떨궈 버리고 양분의 이동 통로를 차단했지만, 소나무의 푸른 잎은 추운 겨울을 어떻게 견디는 것일까요? 사실 겨울에 돋보이지만 이 계절을 지내기가 어려운 것은 소나무 같은 바늘잎나무들도 마찬가지입니다. 그래서 눈에 두드러지지 않아도 소나무의 잎들도 조금씩 겨울에 적응하도록 자신을 변화시킵니다.

한 예로 소나무 잎은 지방질이 많습니다. 겨울이 다가오면 지방의 함량이 더욱 많아지면서 겨우내 조금씩 소모할 에너지를 저장하고 더불어 외부의 추위를 막는 역할을 합니다. 또 찬 기운이 드나드는 구멍을 막는 일도 중요합니다. 잎 지는 나무는 잎이 달렸던 자리에 떨켜를 형성하면서 이 일을 끝냈지만, 푸른 잎을 그대로 달고 있어야 할 소나무의 잎들은 잎의 조직 속으로 차가운 바람이 드나들 공기구멍 주변에 두꺼운 세포벽과 아주 두꺼운 왁스 층을 만들어 효과적인 열과 물 관리가 가능하게 합니다. 산성비가 식물에게 주는 영향을 알아내기 위해 이 왁스 층을 현미경으로 조사하는 방법도 있답니다.

나무들은 더러 뿌리를 내리는 터전을 확대하는 데 겨울 추위를 이용합니다. 절벽의 바위틈에 사는 나무들은 물이 워낙 부족해서 실뿌리를 많이 만들어 주변의 습기를 가능한 한 최대로 모아 놓습니다. 기온이 영하로 내려가면 물이 얼어 부피가 늘면서 바위가 벌어지고, 그 틈새로 뿌리가 깊이깊이 들어가는 것이지요. 나무뿌리가 바위를 자르는 힘의 원천은 뿌리가 모아 놓은 작은 물방울들과 자연을 끌어들인 나무의 지혜입니다. 사실 나무가 추위로 피해를 입는 계절은 대부분 겨울이 아닙니다. 겨울은 이러저러한 방법으로 완벽하게 준비를 해서 걱정이 없습니다. 오히려 봄이 온 줄 알고 방심해 연한 조직을 내놓는 이른 봄에 동해를 입는 경우가 더 많답니다.

흔히 늘푸른나무라고 하면 대부분 바늘잎나무를 생각하지만 우리나라 남쪽에는 늘푸른나무이면서도 넓은잎을 가진 나무들도 있습니다. '사철나무'나 '회양목'처럼 중부 지방에서 겨울을 나는 진정으로 강인한 나무들도 있지만 주로 남쪽에 많습니다. 더러는 겨울에 꽃을 피우기도 한답니다.

그런데 사실 엄격하게 말하면 겨울도 겨울 나름이어서 며칠은 몰라도 영하의 기온으로 지속적으로 내려가는 겨울에 얇은 조직을 가진 꽃을 피우는 식물은 없답니다. 조직이 얼어 버리니까요. 가장 대표적인 겨울 꽃, '동백나무'의 꽃을 빼놓을 수 없지요. 아주 남쪽에서는 12월부터 겨우내 동백꽃이 피지만, 한반도 허리쯤에 살고 있는 사람들은 온실 밖 건강한 땅에서 동백나무를 구경하기가 어렵습니다. 더욱이 내륙 자생지의 최북단인 선운사에서는 3~4월이 되어야 꽃을 볼 수 있답니다. 이러한 동백나무도 추위를 견디는 다른 늘 푸른 넓은잎나무들처럼 잎이 두껍습니다.

어려움은 이것뿐이 아닙니다. 동백나무의 아주 독특한 특징은 조매화鳥媒花라는 점입니다. 즉 수분受粉을 하는데 벌과 나비가 아닌 새의 힘을 빌리는 꽃으로, 크고 화려한 꽃이 많은 열대 지방에서나 간혹 볼 수 있는 꽃이지요. 동백나무의 꿀을 먹고 살며 수분을 도와주는 새는 이름도 동박새입니다. 동백나무에도 꿀이 많이 나서 벌과 나비가 찾아오지 않는 것은 아니지만 꽃이 피는 한겨울은 곤충이 활동하기에는 너무 일러서 녹색, 황금색, 흰색 깃털이 아름다운 작은 동박새가 주로 그 임무를 맡습니다.

그 외에도 매실나무(매화)의 품종 중에서 눈 속에 꽃이 핀다는 '설중매'가 있지요. 하지만 이 꽃은 꽁꽁 언 한겨울에 피기보다는 남보다 조금 먼저 꽃을 피워 때늦은 눈을 만나는 경우가 많지요. 남쪽 섬마을에 가면 희고 풍성한 꽃을 피우는 '팔손이'도 있는데, 대체로 얼지 않는 아주 따뜻한 남쪽에 사는 경우에 속한답니다.

겨울은 모질고 어렵지만 식물에게 꼭 필요한 존재임이 틀림없습니다. 한겨울에 펑펑 내리는 눈조차도 숲속의 식물들에게는 아주 필요한 존재이니까요. 추위가 가고 식물들이 새로운 움을 틔

하귤	매자나무
낙상홍	겨우살이

우기 시작하는 매우 건조한 봄, 겨우내 쌓여 있던 눈이 조금씩 조금씩 녹으면서 식물들에게는 긴요한 수분 공급원이 되니 말입니다. 또 키 작은 식물들은 눈에 완전히 덮여 있으면 촉촉하고 아늑한 눈 속에서 매서운 삭풍을 피할 수 있고요. 좀 더 크게 보면 눈이 쌓여 부러진 가지들은 상대적으로 약한 가지일 것이니, 빽빽한 나무줄기들이 볕과 양분을 가지고 경쟁하는 숲속에서 자연 도태되어 숲 전체를 건강하게 만듭니다. 말하자면 자연적인 가지치기나 간벌과 같은 숲 가꾸기를 하는 셈이지요. 설사 숲 전체 나무들의 생산력이 떨어졌다손 치더라도 쓰러진 나무를 터전으로 삼아 버섯들이 돋아나고, 숲의 빈 공간을 재빠르게 차지하는 키 작은 풀들도 있을 것입니다.

추운 겨울을 보내고 있을 식물들은 우리에게 이 어려움을 견뎌 내야 더 강건해지고, 어떤 어려움도 준비하면 극복하기 쉽다는 이야기를 하는 것 같습니다. 어려운 겨울을 이겨 낸 나무들이 피울 새봄의 찬란한 꽃이 벌써 기대됩니다.

기쁜 성탄을 기억하고 장식하는
호랑가시나무

'12월의 나무'라고 하면 호랑가시나무를 꼽는 데 주저하지 않습니다. 우리의 입장보다는 나무의 입장에서 보면 12월, 성탄절 즈음에는 온 세상이 자신을 기억해 주고 있으니까요. 수많은 성탄절 장식, 크리스마스카드, 심지어 자선의 의미를 담은 사랑의 열매로도 등장하는 나무가 바로 이 호랑가시나무입니다. 왜 가장자리가 가시처럼 뾰족뾰족한 잎에 둥글고 붉은 열매를 매어 다는 나무 말이에요. 우리가 연말에 사랑의 열매라고 해서 다는 것도 이 나무의 열매 모양이지요.

성탄절과 이 나무가 인연을 맺게 된 이야기가 있습니다. 예수님이 골고다 언덕에서 가시관을 쓰고 이마에 파고드는 날카로운 가시에 찔려 피를 흘리며 고난받을 때, 그 고통을 덜어 드리려고 갸륵한 새 로빈(지빠귀과의 '티티새'라고도 하며 그때 입은 상처의 피로 아직도 가슴이 붉다지요)이 몸을 던집니다. 이 작은 새가 호랑가시나무의 열매를 잘 먹어서 사람들은 이 나무를 귀히 여기고 기쁜 성탄을 장식하며 기억하게 되었습니다.

우리나라에서는 남쪽에서 자라는데 변산반도를 한계로 그 이남 지역에서만 자연적으로 분포합니다. 천리포수목원도 이 나무로 유명한데 전 세계의 갖가지 호랑가시나무 집안 나무들을 모아 두어 겨울나무 구경에 제격입니다.

호랑가시나무 Aquifoliaceae (감탕나무과) *Ilex cornuta* Lindl. & Paxton

겨울 풍경에 더욱 돋보이는
붉은겨우살이

겨우살이는 시리도록 파란 겨울 하늘을 배경 삼아서, 잎을 떨구고 고스란히 드러난 나뭇가지에 새 둥지처럼 달려 겨울 길을 떠난 이들에게 곧잘 눈에 뜨입니다. 항상 푸른 잎을 가지고 그 자리에 있었지만 얹혀 자라는 나무의 잎이 다 떨어지고 가지가 드러날 때만 모습이 온전하게 보이니 겨우살이에 대한 기억은 늘 겨울 풍경과 함께합니다.

겨우살이는 모든 것이 남다릅니다. 다른 나무의 가지 하나를 점령하고 그 나무의 양분을 가로채어 먹고 사는 기생식물인 것도 그러하고, 엉킨 덤불 같은데 풀이 아닌 나무인 것도 특이합니다.

하지만 겨우살이는 아무 나무에나 붙어 기생하지 않습니다. 참나무류, 버드나무, 팽나무, 밤나무, 자작나무 같은 일부 넓은잎나무만을 골라 뿌리를 내리고, 숙주 나무에게 의존하면서도 스스로 광합성을 하는 초록 식물이지요. 그래서 '기생목'이라 부르기도 하고, 겨울에도 푸르다고 하여 '동청冬靑'이라는 한자 이름도 있습니다. 다른 나무에게 피해만 주는 줄 알았는데 이즈음엔 항암제로 이름이 나서 때아닌 수난의 대상이 되기도 합니다. 열매가 노랗지 않고 붉으면 '붉은겨우살이'입니다.

붉은겨우살이 Viscaceae (겨우살이과) *Viscum album f. rubroauranticum* (Makino) Ohwi

사시사철 보기 좋은 균형 잡힌 몸매
돈나무

저는 한동안 겨울이 한창인 와중에도 봄이 오고 있음을 돈나무를 통해 알았습니다. 본래 이 나무가 자생지에서 꽃이 피는 시기는 봄이지만, 제가 근무했던 국립수목원 내 유리온실에서는 2월쯤 꽃이 핍니다. 한때 2층 연구실에서 일한 적이 있었는데, 눈으로 확인하지 않아도 꽃이 피면 말할 수 없이 좋은 꽃향기가 솔솔솔 퍼져 나와 진동을 하지요. 봄이 오고 있음을 느끼며, 움츠렸던 몸과 마음에 기지개도 켜 보고, 그 향기에 살그머니 위로도 받습니다.

돈나무는 사시사철 보기 좋은 나무입니다. 줄기의 밑동에서부터 가지가 갈라지면서 마치 가지치기를 해 놓은 듯 균형 잡힌 몸매를 가다듬고는 1년 내 볼 수 있는 주걱 같은 잎사귀를 달고 있습니다. 잎은 반질반질 윤기가 돌며 동글동글 뒤로 말린 채 모여 달려 그 모습이 귀엽습니다. 봄이면 그렇게 한자리에 모인 수십 장의 잎사귀 가운데 피어나는 향기로운 꽃이 아름답고요. 이 꽃이 맺어 놓은 큰 구슬 같은 열매들은 가으내 충실히 익어서 벌어집니다. 동그랗던 열매가 3개의 삼각형을 만들며, 갈라진 사이로 점점이 붙어 있는 작고 붉은 씨앗들은 루비 알을 가득 박아 놓은 듯 신비롭기만 합니다.

돈나무 Pittosporaceae (돈나무과) *Pittosporum tobira* (Thunb.) W.T.Aiton

새잎에게 자리를 내주는 교양 있는
굴거리나무

기후 변화 문제가 생각보다 시급하게 눈앞으로 다가왔습니다. 생태적인 변화는 조금은 더디게 가시화될 줄 알았는데, 그 속도가 매우 빠릅니다. 굴거리나무는 북한계 종으로 한반도 내장산이 지구 상 가장 북쪽 경계이며, 기후 변화로 기온이 올라간다면 분포 면적이 좀 더 넓어질 식물입니다. 아직까지는 중부 지방에서는 월동이 되지 않아 굴거리나무가 겨우내 눈을 얹고 이렇게 반질거리며 사는 모습은 쉽게 만나기 어려우니 다행이라고 해야 할지, 아쉽다고 해야 할지 모르겠습니다.

굴거리나무는 잎만 멋진 것이 아니라 붉은 잎자루가 포인트가 되어 주렁주렁 말라 가며 달린 분칠한 듯한 검보라색 열매의 모습까지 본다면 분명 겨울의 진미를 보는 것입니다.

겨울에 이 굴거리나무를 더 열심히 바라보게 되는 진짜 이유는 봄이 오는 순간을 알 수 있기 때문입니다. 연둣빛 새잎이 늘어진 잎사귀들 사이로 쫑긋 돋아나는데 묵은 잎은 이내 그 자리를 새잎에 내어 줍니다. 그래서 이 굴거리나무의 한자 이름이 '교양목交讓木'이랍니다. 새잎이 난 뒤 먼저 달렸던 잎이 떨어져 나가므로 자리를 물려주고 떠난다는 뜻으로 붙여졌지요.

굴거리나무 Daphniphyllaceae (굴거리나무과) *Daphniphyllum macropodum* Miq.

아름다운 다양성을 고이 간직해 온

흰동백나무와 분홍동백나무

가장 아름다운 동백나무는 그저 그렇게 남녘의 바닷가에서 붉은빛 꽃송이들이 단정하게 들어앉은 나무이지만, 처음 자생하는 야생의 분홍동백나무를 본 감격을 저는 잊지 못합니다. 세상에는 수백 가지의 동백나무 품종이 있습니다만 결국 색깔과 모양이 가지가지일 수 있는 건 야생의 유전자에 붉은색 말고도 흰색과 분홍색이 골고루 잠자고 있어서지요. 정말 드물게 흰동백나무(409쪽 위)와 분홍동백나무(409쪽 아래)가 발현되어 자라는 그 숨겨진 모습을 겨울바람을 맞으며 직접 만나러 갔을 때의 감동이 아직도 선연합니다. 정말 있기는 있더군요. 30여 년 전의 일입니다.

그동안 몇 차례 몇 그루되지 않는 이 나무들의 수탈 소식이 전해 오더니 이제 그마저 소식이 끊긴지가 오래입니다. 화려하고 풍성하며 희거나 분홍빛이 나는 동백나무 품종들은 나무 시장에 가면 얼마든지 있다는 걸 기억하면 좋겠습니다. 야생에서 그리 고결하고 아름답던 흰동백나무와 분홍동백나무는 제자리를 떠나면 생기를 잃어 초라한 그저 한 그루의 나무가 될 뿐입니다. 야생의 나무를 캐는 것은 미래 자원의 가능성을 뿌리째 뽑아내는 일임을 모두가 알았으면 싶습니다.

흰동백나무와 분홍동백나무 Theaceae (차나무과) *Camellia japonica* f. *albipetala* H.D.Chang

운치 있는 빛깔로 계절을 읽어 주는
낙엽송

낙엽송, 즉 '낙엽이 지는 소나무'란 뜻입니다. 정확히는 소나무과의 대부분은 소나무, 잣나무, 전나무처럼 모두 늘푸른바늘잎나무인데, 특별하게 잎 지는 나무이기 때문에 붙여진 별칭입니다. 학술적으로는 '일본잎갈나무'라는 정식 이름이 있습니다.

우리나라에는 잎을 갈아서 이름 붙여진 자생하는 잎갈나무가 있지만 북부 지방에만 자라니 만날 수 없습니다. 전국의 산에 많이 심겨져 흔히 볼 수 있는 나무는 일본이 고향인 일본잎갈나무로 '이깔나무'라고도 불리는 우리의 잎갈나무와 형제입니다.

낙엽송이라고 더 많이 쉽게 부르는 이 나무는 빨리 그리고 곧게 자라 목재로 쓰기 위해 전국 곳곳에 심어 놓은 나무입니다. 이 나무의 고향을 마음에 걸려하는 이도 있지만 일본에서보다 우리나라에서 더 대표적이고, 이 나무가 처음 들어온 기록이 1904년으로 120년 가까이 되었으니 우리 숲의 나무로 떠올리는 데 큰 거부감이 느껴지지 않는 것도 사실입니다.

개인적으로 이 낙엽송처럼 계절을 제대로 읽어 주는 나무가 있을까 싶습니다. 여름내 수려한 나무 모양으로 숲을 이루고 살다가, 가을이면 황토 빛깔 단풍이 듭니다. 그 빛깔이 얼마나 운치 있고 깊은지 저절로 마음이 정리되는 느낌이 들지요.

낙엽송 Pinaceae (소나무과) *Larix kaempferi* (Lamb.) Carriere

치열한 계절을 줄기마다 남기는
노박덩굴

혼자서 살지 못하고 이런저런 나무에 기대고 감아 자라던 모습이 잎 떨어진 지금도 줄기에 그대로 남아 있습니다. 홀로 서지 않고 그리 자라는 것이 지혜로운 것인지 기회주의적인 것인지 알 수는 없지만, 노박덩굴이 살아가는 있는 그대로의 모습이지요. 동글동글 귀여운 잎이 여름에 무성했지만 이런저런 잎에 치이어 눈여겨본 일이 별로 없고, 심지어 백록색의 작은 꽃들마저 심드렁하니 지나갔습니다.

이제 초록의 모든 잎은 지고 치열했던 지난 계절이 이리저리 감고 말린 줄기의 흔적이 된 지금, 꽃보다 더 화려하게 열매가 남았습니다. 둥글고 노랗게 달려 있던 열매의 껍질이 벌어지고 나면 주황빛 속껍질이 드러납니다. 그래서 두 빛깔은 따뜻하고 아름답게 조화를 이루며 겨우내 달려 있습니다. 노박덩굴이 비로소 세상에 제 모습을 내보이는 듯한 느낌입니다. 지상에 제 나뭇가지의 그늘을 드리우지 못하고 다른 나무에 기대어 살아가는 덩굴나무의 비애가 살짝 묻어나는 듯합니다. 그렇게 눈 내리고 겨울이 깊어 가도록 열매는 오래오래 밝은 모습으로 있으니 대견하고 씩씩하네요. 더욱이 순은 나물로, 열매와 뿌리는 약으로 요긴하였다니 고맙기도 합니다.

노박덩굴 Celastraceae (노박덩굴과) *Celastrus orbiculatus* Thunb.

나무와 더불어 사계절이 흘렀습니다.
그 사이에 찾아든 변화를 느끼시나요?
매년 곁을 지키고 있어도 존재조차 몰랐던
목련 꽃 한 송이가 눈에 들어오기 시작하였다면
메타세쿼이아 가지에 돋은 새싹에 마음 설레고
참나무의 갈색 단풍에 가슴이 서늘해졌다면
숲길에서는 시각보다 후각과 촉각이 살아난다면
그렇게 나무처럼 푸르러진다면 저는 행복할 것 같습니다.

내 마음의 들꽃 산책

1쇄 – 2021년 5월 11일
3쇄 – 2022년 5월 2일
글 – 이유미
사진 – 송기엽
발행인 – 허진
발행처 – 진선출판사(주)
편집 – 김경미, 최윤선, 최지혜
디자인 – 고은정, 김은희
총무 · 마케팅 – 유재수, 나미영, 허인화
주소 – 서울시 종로구 삼일대로 457 (경운동 88번지) 수운회관 15층
　　　전화 (02)720 5990　팩스 (02)739-2129
　　　홈페이지 www.jinsun.co.kr
등록 – 1975년 9월 3일 10-92

※ 책값은 커버에 있습니다.

ISBN 979-11-90779-32-6 03480

진선 books는 진선출판사의 자연책 브랜드입니다.
자연이라는 친구가 들려주는 이야기–'진선북스'가 여러분에게 자연의 향기를 선물합니다.